普通高等学校"十四五"规划艺术设计类专业案例式系列教材
校企双元合作开发"互联网＋教育"新形态一体化系列教材

建筑装饰构造与实训

■ 主　编　曹云生　张　蕾　李羽羽
■ 副主编　宋广莹　丁　怡　樊　静　荆冠斌
　　　　　宋　伟　宋亮亮　郭　琪

扫码下载本书课件

华中科技大学出版社
http://press.hust.edu.cn
中国·武汉

内 容 提 要

本书内容包括建筑空间认知、居住建筑装饰构造、公共建筑装饰构造以及建筑室内装饰施工图四个项目。建筑空间认知包括建筑调研和装饰构造初步两个模块，介绍建筑基础知识与装饰构造基本要求；居住建筑与公共建筑装饰构造则根据施工流程与分部分项工程，划分为改造工程、地面工程、墙面工程与顶棚工程等教学模块，每个模块依据施工内容与构造方式分为若干任务；建筑室内装饰施工图包括居住空间装饰施工图和小型餐饮空间装饰施工图两个模块，根据对应项目的构造内容进行施工图绘制训练。

本书可供高等职业院校建筑室内设计专业、环境艺术设计专业教学使用，也可作为装饰工程设计师继续教育或岗位培训的阅读参考教材。

图书在版编目 (CIP) 数据

建筑装饰构造与实训 / 曹云生, 张蕾, 李羽羽主编. —武汉: 华中科技大学出版社, 2024.2

ISBN 978-7-5772-0417-8

Ⅰ.①建… Ⅱ.①曹… ②张… ③李… Ⅲ.①建筑装饰-建筑构造 Ⅳ. ①TU767

中国国家版本馆CIP数据核字(2024)第053325号

建筑装饰构造与实训
曹云生 张 蕾 李羽羽 主编

Jianzhu Zhuangshi Gouzao yu Shixun

策划编辑： 金　紫

责任编辑： 陈　忠

封面设计： 原色设计

责任校对： 周怡露

责任监印： 朱　玢

出版发行： 华中科技大学出版社 (中国·武汉)　　　电话：（027）81321913
　　　　　 武汉市东湖新技术开发区华工科技园　　　邮编：430223

录　排： 华中科技大学惠友文印中心

印　刷： 湖北新华印务有限公司

开　本： 889mm×1194mm　1/16

印　张： 15.75

字　数： 379 千字

版　次： 2024 年 2 月第 1 版第 1 次印刷

定　价： 49.80 元

前言
Preface

本书根据高等职业院校建筑室内设计专业教学标准，结合教学实际、岗位需求，立足于建筑室内设计专业建筑装饰构造课程的课堂与教学实践环节，通过系统的装饰构造流程与工艺的学习、实践与技能训练，着重培养学生独立完成室内设计施工构造图识读与绘制任务、掌握建筑装饰构造施工图绘制方法的技能，使他们具备 CAD 绘图员、施工图助理设计、建筑装饰及工程施工组织管理、建筑装饰材料设计销售的基本职业能力，并为本专业的后续学习奠定基础，满足学生职业生涯发展的需求。

本书内容包括建筑空间认知、居住建筑装饰构造、公共建筑装饰构造及建筑室内装饰施工图 4 个学习项目。内容选取结合行业发展新趋势、新要求及职业技能大赛新规程与职业等级新标准，体现"岗—课—赛—证"融通模式，基于岗位工作过程的需要循序渐进。本书以相互关联、依次递进的教学模块与具体任务为导向进行编写，符合学生认知规律，便于学生理解和掌握。

内容组织倡导学生严格执行施工规范、绘图规定等岗位操作标准，在实践中体验感悟其中蕴含的工匠精神、劳动教育、职业道德等思政元素，使学生认识到建筑装饰构造施工图识读与绘制在专业中的重要地位，以期实现专业课程学习过程与实际岗位工作过程的有效对接。

（1）校企合作。以行业专家对建筑装饰专业涵盖的岗位任务和职业能力分析为基础，参照业务洽谈、CAD 绘图员、施工图助理设计、建筑装饰及工程施工组织管理、建筑装饰材料设计销售等岗位的技能要求，以课程标准为依据进行编写。

（2）基于工作过程。本书充分体现任务引领、实践导向的课程设计思想。根据典型任务的需要，引入必需的理论知识，以及完成任务应具备的构造图绘制、施工组织管理、装饰材料等关联知识与技能，结合现场踏勘与测绘、调查研究、施工图识读、施工图绘制等一系列实践技能训练活动组织编写，促进学生的自主探究式学习与实践。

（3）以学生为主体。以实践性、实用性内容为主，避免把职业能力简单理解为纯粹的技能操作，力求文字描述深入浅出、内容展现图文并茂，寓教于活动，循序渐进。

（4）先进性。本书立足于行业的发展现状，将专业领域的发展趋势以及业务操作中的新知识、新技术和新方法及时地纳入其中，更贴近行业的发展和实际需要。

（5）适用、开放。教学活动设计具有可操作性、启发性、趣味性和指导性，也为教师留有根据实际教学情况进行调整和创新的空间。

（6）任务导向。为了使本书内容更贴近实际工作岗位对知识与技能的要求，编者在编写本书时与企业合作，精心选用了两套较为适宜的、典型的建筑室内装饰项目施工图作为本书配套实训项目的参考，使本书更具有针对性、有效性。

本书由内蒙古商贸职业学院曹云生、张蕾、宋广莹、丁怡、樊静、荆冠斌，广东轻工职业技术学院李羽羽等老师共同编写，在此表示感谢。同时，也特别感谢内蒙古庭泰装饰有限公司宋伟、宋亮亮、郭琪先生的全力支持与悉心指导，以及深圳市成豪建设集团有限公司提供的素材。书中绝大部分照片和图稿都是由编者拍摄或绘制的。本书可作为高等职业院校建筑室内设计专业学生的教学用书，也可作为建筑类相关专业岗位培训参考用书。

学时分配建议表

周别	项目	模块	任务	建议学时	备注
1	项目一 建筑空间认知	模块1 建筑调研	任务1 建筑与分类	2	
			任务2 建筑等级与模数	2	
2		模块2 装饰构造初步	任务1 装饰构造设计	1	
			任务2 装饰构造方式	1	
			任务3 装饰构造技术	2	
3	项目二 居住建筑装饰构造	模块1 改造工程	任务1 墙体改造	2	
			任务2 水电改造	2	
4		模块2 地面工程	任务1 地砖装饰构造	2	
			任务2 木地板装饰构造	2	
5		模块3 墙面工程	任务1 墙面砖装饰构造	2	
			任务2 饰面板装饰构造	2	
6			任务3 壁纸、壁布装饰构造	2	
			任务4 涂料类装饰构造	2	
7		模块4 顶棚工程	任务1 顶棚基本知识	2	
			任务2 直接式顶棚	2	
8			任务3 悬吊式顶棚	4	
9	项目三 公共建筑装饰构造	模块1 地面工程	任务1 天然石材地面构造	2	
			任务2 现浇水磨石地面构造	2	
10		模块2 墙面工程	任务1 干挂石材装饰构造	2	
			任务2 墙面软包装饰构造	2	
11		模块3 顶棚工程	任务1 格栅顶棚	2	
			任务2 软膜天花	2	
12	项目四 建筑室内装饰施工图	模块1 居住空间装饰施工图	任务1 居住空间装饰改造施工图	4	
13			任务2 居住空间装饰地面施工图	4	
14			任务3 居住空间装饰顶面施工图	4	
15			任务4 居住空间装饰立面施工图	4	
16		模块2 小型餐饮空间装饰施工图	任务1 小型餐饮空间装饰水电施工图	2	
			任务2 小型餐饮空间装饰地面施工图	2	
17			任务3 小型餐饮空间装饰顶面施工图	2	
			任务4 小型餐饮空间装饰立面施工图	2	
18	机动			4	自主安排
合计				72	

教学说明：

（1）建筑装饰构造是建筑室内设计专业的核心课程，总学时为 72 个。本书内容涵盖建筑装饰构造课程标准的主要内容。

（2）教学中可根据课程的实施性、教学计划的学时总数按比例调整相应教学内容。

（3）教学中可按照学生学习情况自主选择学习任务或活动内容。

（4）书中建筑装饰构造施工图绘制项目学时是依据学生的绘图基础而设定的，可结合同步安排的 AutoCAD 课程实施教学，以强化学生的 CAD 绘图能力。

目录
Contents

项目一
建筑空间认知

【项目概述】

建筑空间以满足人们具体使用要求为目的。例如，住宅设计是为满足居住需要，学校是为满足教学活动需要，等等。根据使用要求的不同，建筑的规模、空间面积、形状、门窗位置等都会产生一定的变化。通过对本项目建筑类型、等级、装饰构造设计原则及方法等的学习，学生能对装饰工程构造设计与施工形成比较全面的认知。

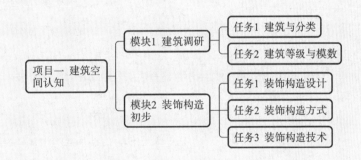

模块 1
建筑调研

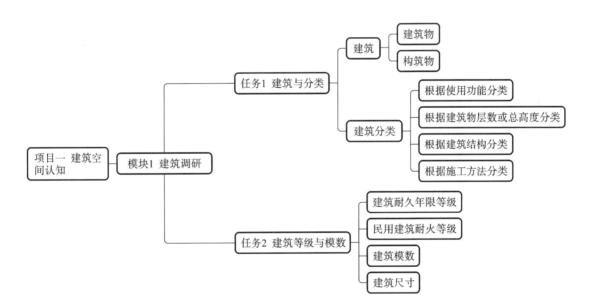

【模块导图】

不同建筑类型与等级决定了建筑室内空间的设计与施工，对后期的施工方法、施工管理等均产生很大影响。本模块以建筑空间线上、线下调研，结合相关知识讲解展开学习。

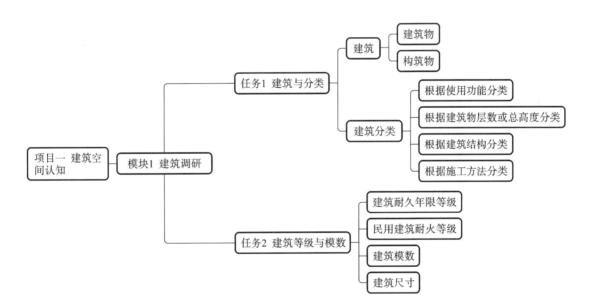

任务1 建筑与分类

【任务描述】

通过线上资料搜集与线下实地勘察，学生能够结合相关知识学习，了解不同类型的建筑室内空间特点及设计需求，以便开展后续工作。

认识优秀建筑，体会中华传统文化与现代高科技设计建造相结合的发展与应用，树立中华民族自豪感。

【任务实施】

1. 通过对建筑类型及相关知识的学习，学生能够认识不同建筑空间结构类型。

2. 讲解典型建筑物，促进学生体验传统文化与现代建筑技术的结合应用。

3. 通过知识学习与实践勘察，学生能够建立初步的职业认知。

【任务学习】

一、建筑

1. 建筑物

建筑物是为了满足社会的需要，利用所掌握的物质技术手段，在科学规律与美学法则的支配下，通过对空间的限定、组织而创造的人类可以直接使用的社会生活环境，如住宅、学校、办公楼、影剧院、体育馆等。

【知识延伸】

中国国家大剧院

中国国家大剧院是位于北京市中心天安门广场西的地标性建筑物，由法国建筑师保罗·安德鲁主持设计（图1-1）。该建筑由主体建筑及南北两侧的水下长廊、地下停车场、人工湖、绿地等组成。外观呈半椭圆球形，东西长212.20 m，南北长143.64 m，建筑物高度为46.285 m，占地11.89万 m^2，总建筑面积约16.5万 m^2，其中主体建筑10.5万 m^2，地下附属设施6万 m^2。设有歌剧院、音乐厅、戏剧场以及艺术展厅、餐厅、音像商店等配套设施。

歌剧院是国家大剧院内最宏伟的建筑，主要用于歌剧、舞剧、芭蕾舞及大型文艺演出，以华丽辉煌的金色为主色调。观众厅设有池座一层和楼座三层，观众席2207个，有具备推、拉、升、降、转功能的先进舞台，以及可倾斜的芭蕾舞台板。墙面安装有弧形金属网，网后是多边形墙，声音透过去可形成视觉弧形和听觉空间多边形，是建筑声学与剧场美学的完美结合。

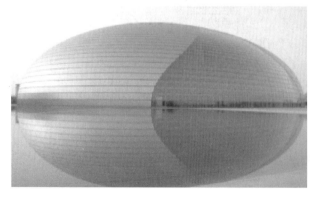

图1-1

2.构筑物

构筑物指人们一般不直接在内进行生产和生活的建筑，如桥梁、城墙、堤坝、水塔、蓄水池、烟囱等。

【知识延伸】

西安城墙

西安城墙是中国现存规模最大、保存最完整的古代城垣（图1-2）。广义的西安城墙包括西安唐城墙和西安明城墙，一般指西安明城墙。

西安明城墙位于陕西省西安市中心区，墙高12 m，顶宽12～14 m，底宽15～18 m，轮廓呈封闭的长方形，全长13.74 km，面积11.32 km²。城墙包括护城河、吊桥、闸楼、箭楼、正楼、角楼、敌楼、女儿墙、垛口等一系列军事设施，厚度大于高度，稳固如山，墙顶可以跑车和操练，体现防御的战略思想。四座城门是东门长乐、西门安定、南门永宁、北门安远。每门城楼三重，包括闸楼、箭楼、正楼。正楼高32 m，长40 m以上，为歇山顶式，四角翘起，三层重檐，底层由回廊环绕，古色古香，巍峨壮观。

图1-2

二、建筑分类

1.根据使用功能分类

建筑根据使用功能分类如表1-1所示。

表1-1　根据使用功能分类

分类		使用功能	举例
民用建筑	居住建筑	供家庭或个人较长时期居住使用的建筑	普通住宅、高档公寓、别墅、单身公寓和学生宿舍
	公共建筑	供人们购物、办公、学习、医疗、旅行和运动等使用的非生产性建筑	餐厅、商场、娱乐厅、教学楼、图书馆、办公楼、展览馆、博物馆、旅馆酒店、电影院、剧场、音乐厅
工业建筑		供工业生产使用或直接为工业生产服务的建筑	单层厂房、多层厂房、仓库等
农业建筑		供农（牧）业生产和加工用的建筑	种子库、温室、畜禽饲养场、农副产品加工厂、农机修理厂等

【知识延伸】

四　合　院

四合院是中国传统合院式建筑（图1-3），有3000多年历史。院子四面建有房屋，从四面将庭院合围在中间，故名四合院，以北京四合院为典型。四合院通常为大家庭居住，庭院空间比较隐秘，建筑和格局体现了中国传统的尊卑等级思想以及阴阳五行学说。四合院装修按室内外不同，分为外檐装修和内檐装修。外檐装修包括吊挂楣子、坐凳栏杆、隔扇门、支摘窗等。内檐装修包括天花、隔断。其中隔断又有板壁、花罩、博古架、碧纱橱等形式。

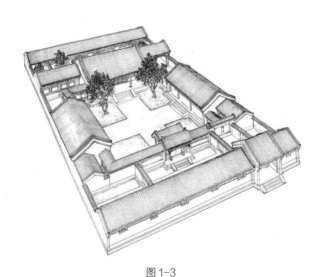

图1-3

2. 根据建筑物层数或总高度分类

房屋层数是指房屋的自然层数，一般按室内地坪正负0.000 m以上计算。采光窗在室外地坪以上的半地下室，其室内层高在2.20 m以上（不含2.20 m）的，计算自然层数。假层、附层（夹层）、插层、阁楼、装饰性塔楼以及凸出屋面的楼梯间和水箱间不计层数。房屋总层数为房屋地上层数与地下层数之和。

民用建筑根据层数或高度分类如表1-2所示。

表1-2　根据层数或高度分类

建筑分类		层数或高度
住宅建筑	低层住宅	1～3层
	多层住宅	4～6层
	中高层住宅	7～9层
	高层住宅	10层及以上
	超高层住宅	＞100 m
公共建筑	单层及多层建筑	≤24 m
	高层建筑	＞24 m
	超高层建筑	＞100 m

民用建筑根据总高度分类如表1-3所示。

表1-3　根据总高度分类

建筑分类		说明
住宅建筑	单层、多层民用建筑	总高度≤27 m，包括设置商业服务网点的住宅建筑
	二类建筑	27 m＜总高度≤54 m，包括设置商业服务网点的住宅建筑
	一类建筑	总高度＞54 m，包括设置商业服务网点的住宅建筑
公共建筑	单层及多层民用建筑	总高度＞24 m的单层建筑
	二类建筑	不包括总高度超过24 m的单层建筑
	一类建筑	总高度＞50 m的公共建筑。包括高度在24 m以上、任一楼层建筑面积大于1000 m² 的商店、展览、电信、邮政、金融建筑及其他多功能组合建筑；医疗建筑、重要公共建筑、独立老年设施；省级及以上广播电视、防灾及电力调度建筑等

3. 根据建筑结构分类

建筑结构是指建筑物中支撑建筑，维护其安全，抗风、抗震的骨架，是由承重构件（基础、墙体、柱、梁、楼板、屋架等）组成的体系。

（1）木结构建筑

木结构建筑的承重构件由木材（或主要由木材）组成，通过各种金属连接件或榫卯构造进行连接和固定。其自重轻、构造简单、施工方便，中国古代建筑如庙宇、宫殿、民居等多为木结构建筑。现由于木材资源逐渐匮乏，且易燃、易腐蚀，已极少采用。

7

【知识延伸】

山西应县木塔

应县木塔全称为佛宫寺释迦塔，位于山西省朔州市应县城西北佛宫寺内（图1-4）。该塔建于辽清宁二年（公元1056年），是世界上现存最高、最古老的木结构楼阁式佛塔。木塔整体架构为木材，卯榫结合，结构科学合理，刚柔相济，通过两个内外相套的八角形，构成了一个刚性很强的双层套筒式结构，组成了类似于现代的框架结构层，具有较好的强度和抗震性能。其设计有近六十种形态各异、功能有别的斗拱，是中国古建筑中使用斗拱种类最多、造型设计最精妙的建筑，被称为"中国古建筑斗拱博物馆"。

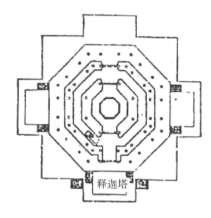

图1-4

（2）砖木结构建筑

砖木结构建筑的主要承重构件是由砖木组成的，其中竖向承重构件墙体和柱采用砖砌，水平承重构件楼板、屋架采用木材。其材料易得、费用较低、简单易建，但受结构所限，通常在三层以下，多用于民居、农舍、庙宇等，如中国共青团中央机关旧址就是两层砖木结构石库门建筑（图1-5）。

图1-5

（3）砖混结构建筑

砖混结构建筑的竖向承重构件采用砖墙或砖柱，水平承重构件采用钢筋混凝土楼板、梁、屋面板。砖混结构建筑层数一般在六层以下，造价低、抗震性差，开间、进深及层高都受限制，2000年之前的六层及六层以下住宅楼大多为砖混结构（图1-6）。

图1-6

（4）钢筋混凝土结构建筑

钢筋混凝土结构建筑由钢筋混凝土梁、柱组成框架体系，共同承受使用中产生的水平荷载和竖向荷载。钢筋混凝土结构建筑的墙体不承重，仅起到围护和分隔作用，一般采用预制加气混凝土、膨胀珍珠岩、空心砖或多孔砖等轻质板材砌筑或装配而成（图1-7）。

钢筋混凝土楼板

钢筋混凝土梁

钢筋混凝土柱

轻质砌块墙

图1-7

（5）钢结构建筑

钢结构建筑的主要承重构件均由钢材构成，建筑成本高，多为多层公共建筑或跨度较大的建筑。

【知识延伸】

国家体育场鸟巢

国家体育场鸟巢为钢筋混凝土框剪结构与弯扭构件钢结构建筑（图1-8）。"鸟巢"钢结构采用中国自主创新研发的、具有知识产权的国产特种钢材——低合金高强度钢Q460，其强度是普通钢的两倍。整个体育场结构组件相互支撑，交叉布置的主桁架与屋面及立面的次结构共同形成网格状的构架，如同树枝交叉形成的孕育生命的"巢"，更像一个摇篮，是中国传统文化与先进钢结构设计完美相融的体现。

×

图1-8

4. 根据施工方法分类

（1）现浇现砌式建筑

现浇现砌式建筑的主要承重构件均是在施工现场浇筑和砌筑而成的（图1-9）。

图1-9

（2）预制装配式建筑

预制装配式建筑的主要承重构件是在加工厂制成预制构件，在施工现场进行装配而成的（图1-10）。

图 1-10

（3）部分现浇现砌、部分装配式建筑

部分现浇现砌、部分装配式建筑的一部分构件（如墙体等竖向构件）是在施工现场浇筑或砌筑而成的，另一部分构件（如楼板、楼梯等水平构件）则采用在加工厂制成的预制构件（图 1-11）。

图 1-11

【教学分析】

教学总结
教学过程
教学方法
教学开展

【学习梳理】

提纲		内容与图例	总结（知识／技能／职业／思想）
建筑	建筑物		
	构筑物		
建筑分类	根据使用功能分类	民用建筑	
		工业建筑	
		农业建筑	
	根据建筑物层数分类	住宅建筑	
		公共建筑	
	根据建筑物总高度分类	住宅建筑	
		公共建筑	
	根据建筑结构分类	木结构建筑	
		砖木结构建筑	
		砖混结构建筑	
		钢筋混凝土结构建筑	

提纲		内容与图例	总结（知识/技能/职业/思想）
建筑分类	根据建筑结构分类	钢结构建筑	
	根据施工方法分类	现浇现砌式建筑	
		预制装配式建筑	
		部分现浇现砌、部分装配式建筑	

【实践实训】

对应任务梳理内容实地参观、记录公共空间及装饰装修施工现场，可分组进行。

【学习评价】

序号	考核方向	内容	分值100	赋分
1	知识考核	讨论问答，学习习惯得到改善。发言积极加1～5分	15分	
2	能力考核	任务完成质量，相关知识技能综合应用效果	35分	
3	过程考核	内容完成度	30分	
4	素质考核	考勤纪律，学习状态，对待调整、修改要求的认真程度	10分	
5	思政考核	学习主动性，职业认知	10分	

任务 2　建筑等级与模数

【任务描述】

学习建筑等级分类，掌握建筑物防火要求，理解构造设计与材料选用的合理性与安全性，熟悉建筑模数制度及构件尺寸运用。

【任务实施】

1. 学习建筑等级与防火要求，对装饰构造设计防火有一定认知。

2. 理解并掌握建筑模数尺寸。

【任务学习】

一、建筑耐久年限等级

建筑耐久年限等级如表 1-4 所示。

表 1-4　建筑耐久年限等级

耐久年限等级	耐久年限	适用范围
一级	100 年以上	纪念性建筑和重要建筑
二级	50 ～ 100 年	重要的公共建筑
三级	25 ～ 50 年	次要公共建筑和居住建筑
四级	15 年以下	临时性建筑

二、民用建筑耐火等级相关规范

1.《建筑设计防火规范（2018 年版）》（GB 50016—2014）

不同耐火等级建筑相应构件的燃烧性能和耐火极限如表 1-5 所示。

表 1-5　不同耐火等级建筑相应构件的燃烧性能和耐火极限（h）

构件名称		耐火等级			
		一级	二级	三级	四级
墙	防火墙	不燃性 3.00	不燃性 3.00	不燃性 3.00	不燃性 3.00
	承重墙	不燃性 3.00	不燃性 2.50	不燃性 2.00	难燃性 0.50
	非承重墙	不燃性 1.00	不燃性 1.00	不燃性 0.50	可燃性
	楼梯间和前室的墙 / 电梯井墙 / 住宅单元间的墙和分户墙	不燃性 2.00	不燃性 2.00	不燃性 1.50	难燃性 0.50
	疏散走道两侧隔墙	不燃性 1.00	不燃性 1.00	不燃性 0.50	难燃性 0.25
	房间隔墙	不燃性 0.75	不燃性 0.50	难燃性 0.50	难燃性 0.25
柱		不燃性 3.00	不燃性 2.50	不燃性 2.00	难燃性 0.50
梁		不燃性 2.00	不燃性 1.50	不燃性 1.00	难燃性 0.50
楼板		不燃性 1.50	不燃性 1.00	不燃性 0.50	可燃性
屋顶承重构件		不燃性 1.50	不燃性 1.00	可燃性 0.50	可燃性
疏散楼梯		不燃性 1.50	不燃性 1.00	不燃性 0.50	可燃性
吊顶（包括吊顶格栅）		不燃性 0.25	难燃性 0.25	难燃性 0.15	可燃性

2. 现行《建筑内部装修设计防火规范》（GB 50222-2017）

建筑物内部各部位装修材料燃烧性能等级不能低于表 1-6 ～表 1-8 的要求。

表1-6 单层、多层民用建筑内部各部位装修材料的燃烧性能等级

序号	建筑物及场所	建筑规模、性质	装修材料燃烧性能等级							
			顶棚	墙面	地面	隔断	固定家具	装饰织物		其他装饰装修材料
								窗帘	帷幕	
1	候机楼的候机大厅、贵宾候机室、售票厅、商店、餐饮场所等	—	A	A	B_1	B_1	B_1	B_1	—	B_1
2	汽车站、火车站、轮船客运站的候车船室、商店、餐饮场所等	建筑面积＞10000 m²	A	A	B_1	B_1	B_1	B_1	—	B_2
		建筑面积≤10000 m²	A	B_1	B_1	B_1	B_1	B_1	—	B_2
3	观众厅、会议室、多功能厅、等候厅等	每厅建筑面积＞400 m²	A	A	B_1	B_1	B_1	B_1	B_1	B_1
		每厅建筑面积≤400 m²	A	B_1	B_1	B_1	B_1	B_1	B_1	B_2
4	体育馆	＞3000 座位	A	A	B_1	B_1	B_1	B_1	B_1	B_2
		≤3000 座位	A	B_1	B_1	B_1	B_2	B_2	B_1	B_2
5	商店的营业厅	每层建筑面积＞1500 m² 或总建筑面积＞3000 m²	A	B_1	B_1	B_1	B_1	B_1	—	B_2
		每层建筑面积≤1500 m² 或总建筑面积≤3000 m²	A	B_1	B_1	B_1	B_2	B_1	—	—
6	宾馆、饭店的客房及公共活动用房等	设置送回风道（管）的集中空气调节系统	A	B_1	B_1	B_1	B_2	B_2	—	B_2
		其他	B_1	B_1	B_2	B_2	B_2	B_2	—	—
7	养老院、托儿所、幼儿园的居住及活动场所	—	A	A	B_1	B_1	B_2	B_1	—	B_2
8	医院的病房区、诊疗区、手术区	—	A	A	B_1	B_1	B_2	B_1	—	B_2
9	教学场所、教学实验场所	—	A	B_1	B_2	B_2	B_2	B_2	B_2	B_2
10	纪念馆、展览馆、博物馆、图书馆、档案馆、资料馆等的公共活动场所	—	A	B_1	B_1	B_1	B_2	B_1	—	B_2
11	存放文物、纪念展览物品、重要图书、档案、资料的场所	—	A	A	B_1	B_1	B_2	B_1	—	B_2
12	歌舞娱乐游艺场所	—	A	B_1	B_1	B_1	B_1	B_1	B_1	B_1
13	A、B级电子信息系统机房及安装有重要机器、仪器的房间	—	A	A	B_1	B_1	B_1	B_1	B_1	B_1

16

续表

序号	建筑物及场所	建筑规模、性质	顶棚	墙面	地面	隔断	固定家具	窗帘	帷幕	其他装饰装修材料
								装饰织物		
14	餐饮场所	营业面积 > 100 m²	A	B_1	B_1	B_1	B_2	B_1	—	B_2
		营业面积 ≤ 100 m²	B_1	B_1	B_1	B_2	B_2	B_2	—	B_2
15	办公场所	设置送回风道（管）的集中空气调节系统	A	B_1	B_1	B_1	B_2	B_2	—	B_2
		其他	B_1	B_1	B_2	B_2	B_2	—	—	—
16	其他公共场所	—	B_1	B_1	B_2	B_2	B_2	—	—	—
17	住宅	—	B_1	B_1	B_1	B_1	B_2	B_2	—	B_2

表 1-7　高层民用建筑内部各部位装修材料的燃烧性能等级

序号	建筑物及场所	建筑规模、性质	顶棚	墙面	地面	隔断	固定家具	窗帘	帷幕	床罩	家具包布	其他装饰装修材料
1	候机楼的候机大厅、贵宾候机室、售票厅、商店、餐饮场所等	—	A	A	B_1	B_1	B_1	B_1	—	—		B_1
2	汽车站、火车站、轮船客运站的候车（船）室、商店、餐饮场所等	建筑面积 > 10000 m²	A	A	B_1	B_1	B_1	B_1				B_2
		建筑面积 ≤ 10000 m²	A	B_1	B_1	B_1	B_1	B_1				B_2
3	观众厅、会议室、多功能厅、等候厅等	每厅建筑面积 > 400 m²	A	A	B_1	B_1	B_1	B_1	B_1		B_1	B_1
		每厅建筑面积 ≤ 400 m²	A	B_1	B_1	B_1	B_1	B_2	B_1		B_1	B_1
4	商店的营业厅	每层建筑面积 > 1500 m² 或总建筑面积 > 3000 m²	A	B_1	B_1	B_1	B_1	B_1		B_2		B_1
		每层建筑面积 ≤ 1500 m² 或总建筑面积 ≤ 3000 m²	A	B_1	B_1	B_1	B_1	B_1		B_2		B_2
5	宾馆、饭店的客房及公共活动用房等	一类建筑	A	B_1	B_1	B_1	B_2	B_2	—	B_1	B_2	B_1
		二类建筑	A	B_1	B_1	B_1	B_2	B_2	—	B_2	B_2	B_2
6	养老院、托儿所、幼儿园的居住及活动场所	—	A	A	B_1	B_1	B_2	B_1	—	B_2	B_2	B_1
7	医院的病房区、诊疗区、手术区	—	A	A	B_1	B_1	B_2	B_1	B_1	—	B_2	B_1
8	教学场所、教学实验场所	—	A	B_1	B_2	B_2	B_2	B_1	B_1	—	B_1	B_2

17

序号	建筑物及场所	建筑规模、性质	装修材料燃烧性能等级									
			顶棚	墙面	地面	隔断	固定家具	装饰织物			家具包布	其他装饰装修材料
								窗帘	帷幕	床罩		
9	纪念馆、展览馆、博物馆、图书馆、档案馆、资料馆等的公共活动场所	一类建筑	A	B_1	B_1	B_1	B_2	B_1	B_1	—	B_1	B_1
		二类建筑	A	B_1	B_1	B_1	B_2	B_1	B_2	—	B_2	B_2
10	存放文物、纪念展览物品、重要图书、档案、资料的场所	—	A	A	B_1	B_1	B_2	B_1	—	—	B_1	B_2
11	歌舞娱乐游艺场所	—	A	B_1	B_1	B_1	B_1	B_1	B_1	B_1	B_1	B_1
12	A、B 级电子信息系统机房及安装有重要机器、仪器的房间	—	A	A	B_1	B_1	B_1	B_1	—		B_1	B_1
14	餐饮场所	—	A	B_1	B_1	B_1	B_2	B_1	—	—	B_1	B_2

表1-8 地下民用建筑内部各部位装修材料的燃烧性能等级

序号	建筑物及场所	装修材料燃烧性能等级						
		顶棚	墙面	地面	隔断	固定家具	装饰织物	其他装修材料
1	观众厅、会议室、多功能厅、等候厅等,商店的营业厅	A	A	A	B_1	B_1	B_1	B_2
2	宾馆、饭店的客房及公共活动用房等	A	B_1	B_1	B_1	B_1	B_1	B_2
3	医院的诊疗区、手术区	A	A	B_1	B_1	B_1	B_1	B_2
4	教学场所、教学实验场所	A	A	B_1	B_2	B_2	B_1	B_2
5	纪念馆、展览馆、博物馆、图书馆、档案馆、资料馆等的公共活动场所	A	A	B_1	B_1	B_1	B_1	B_1
6	存放文物、纪念展览物品、重要图书、档案、资料的场所	A	A	A	A	A	B_1	B_1
7	歌舞娱乐游艺场所	A	A	B_1	B_1	B_1	B_1	B_1
8	A、B 级电子信息系统机房及安装有重要机器、仪器的房间	A	A	B_1	B_1	B_1	B_1	B_1
9	餐饮场所	A	A	A	B_1	B_1	B_1	B_2
10	办公场所	A	B_1	B_1	B_1	B_2	B_2	B_2
11	其他公共场所	A	B_1	B_1	B_2	B_2	B_2	B_1
12	汽车库、修车库	A	A	B_1	A	A	—	—

三、建筑模数

1. 建筑模数制

建筑模数是建筑设计中为实现建筑工业化生产，使建筑构配件在材料、形式及制造等方面具有一定的通用性和互换性，而统一选定的协调建筑尺度的增值单位，是建筑设计、施工、建筑材料与制品及相关设备尺寸间相互协调的基础。根据《建筑模数协调标准》（GB/T 50002—2013），我国采用如表1-9所示建筑模数。

表1-9　建筑模数

分类	水平数值规定	垂直数值规定
基本模数	数值规定100 mm，符号为M，即1 M等于100 mm，模数化尺寸均为基本模数的倍数	
扩大模数（基本模数的整倍数）	水平扩大模数为3 M、6 M、12 M、15 M、30 M、60 M，其相应的尺寸分别为300 mm、600 mm、1200 mm、1500 mm、3000 mm、6000 mm	竖向扩大模数基数为3 M、6 M，其相应的尺寸为300 mm、600 mm
分模数（整数除基本模数的数值）	分模数基数为M/10、M/5、M/2，其相应的尺寸为10 mm、20 mm、50 mm	
模数数列（以基本模数、扩大模数、分模数为基础扩展的一系列尺寸）	水平基本模数的数列幅度为1～20 M，主要适用于门窗洞口和构配件断面尺寸	竖向基本模数的数列幅度为1～36 M，主要适用于建筑物的层高、门窗洞口、构配件等尺寸
	水平扩大模数的数列幅度为： 3 M（3～75 M按300 mm进级）； 6 M（6～96 M按600 mm进级）； 12 M（12～120 M按1200 mm进级）； 15 M（15～120 M按1500 mm进级）； 30 M（30～360 M按3000 mm进级）； 60 M（60～360 M按6000 mm进级）。 必要时幅度不限。主要适用于建筑物的开间或柱距、进深、跨度、构配件尺寸和门窗洞口尺寸	竖向扩大模数的数列幅度不受限制（3 M数列按300 mm进级，6 M数列按600 mm进级）。主要适用于建筑物的高度、层高、门窗洞口尺寸
	分模数的数列幅度：M/10（M/10～2 M按10 mm进级），M/5（M/5～4 M按50 mm进级），M/2（M/2～10 M按20 mm进级）。主要适用于缝隙、构造节点、构配件断面尺寸。分模数不应用于确定模数化网格的距离，但根据设计需要，可用于确定模数化网格平移的距离	

【知识延伸】

建筑工业化

建筑工业化指用现代工业的生产方式来建造房屋，它的内容包括四个方面：建筑设计标准化、构件生产工厂化、施工机械化和管理科学化（图1-12）。具体是指采用先进、适用的技术、工艺和装备，科学合理地组织施工，发展施工专业化，提高机械化水平，减少繁重复杂的手工劳动和湿作业；发展建筑构配件、制品、设备生产并形成适度的规模经营，为建筑市场提供各类建筑使用的系列化通用建筑构配件和制品；制定统一的建筑模数和重要的基础标准（模数协调、公差与配合、合理建筑参数等），合理解决标准化和多样化的关系，建立和完善产品标准、工艺标准、企业管理标准、工法等，不断提高建筑标准化水平；采用现代管理方法和手段，优化资源配置，实行科学的组织和管理，培育和发展技术市场和信息管理系统，适应经济发展的需要。

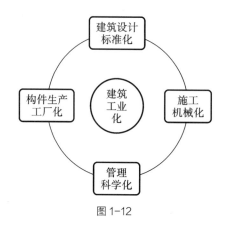

图 1-12

2. 模数使用

模数作为建筑设计的依据，决定每个建筑构件的精确尺寸及位置。模数在建筑设计上表现为模数化网格，网格尺寸单位是基本模数或扩大模数。在建筑设计中，每个建筑构件都应与网格线建立一定的关系，一般以建筑构件的中心线、偏中线或边线位于网格线上为准；建筑设计中承重墙、柱、梁、门窗洞口等主要构件均应符合模数化要求，遵守模数协调规则，以利于建筑构配件的工业化生产和装配化施工。

四、建筑尺寸

为保证建筑制品、构配件等有关尺寸的统一协调，《建筑模数协调标准》（GB/T 50002—2013）规定了标志尺寸、构造尺寸、实际尺寸及其相互间的关系。

1. 标志尺寸

标志尺寸是用来标注建筑物定位轴线间的距离（如开间或柱距、进深或跨度、层高等）以及建筑构配件、组合件、建筑制品、有关设备位置界限之间的定位尺寸。标志尺寸应符合模数数列的规定。

2. 构造尺寸

构造尺寸为建筑构配件、建筑组合件、建筑制品等的设计尺寸，一般情况下标志尺寸减去缝隙尺寸为构造尺寸，缝隙尺寸应符合模数数列的规定。

3. 实际尺寸

实际尺寸为建筑构配件、建筑组合件、建筑制品等生产制作后的尺寸。这一尺寸因生产误差造成与设计的构造尺寸有差值，差值应符合施工验收规范的规定（图 1-13）。

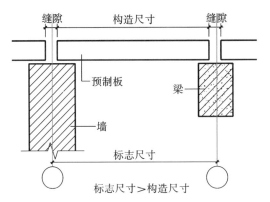

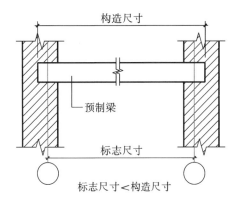

图 1-13

【教学分析】

教学总结
教学过程
教学方法
教学开展

22

×

【学习梳理】

提纲		内容与图例	总结（知识/技能/职业/思想）
建筑耐久年限等级			
民用建筑耐火等级	建筑设计防火规范		
	建筑内部装修设计防火规范		
建筑模数			
建筑尺寸			

【实践实训】

1. 熟悉建筑防火等级及对应要求。

2. 根据给定建筑图理解模数的应用。

【学习评价】

序号	考核方向	内容	分值100	赋分
1	知识考核	讨论问答，学习习惯得到改善。发言积极加1～5分	15分	
2	能力考核	任务完成质量，相关知识技能综合应用效果	35分	
3	过程考核	内容完成度	30分	
4	素质考核	考勤纪律，学习状态，对待调整、修改要求的认真程度	10分	
5	思政考核	学习主动性，职业认知	10分	

模块 2
装饰构造初步

【模块导图】

建筑装饰构造是指运用装饰材料对建筑物进行装潢或装饰，涉及建筑、艺术、结构、材料、设备、施工、经济等方面的知识与技能。构造方案技术先进、设计合理、经久耐用、美观实用，是设计方案可行性的有效保障。它既是装饰设计的技术依据，又是实现设计意图的重要手段。

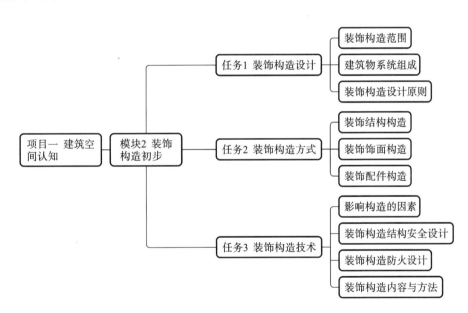

任务1　装饰构造设计

【任务描述】

学习建筑装饰构造的范围，理解装饰构造的要求，逐渐建立起构造设计需满足安全、适用、经济合理要求的专业意识。

【任务实施】

1. 学习建筑装饰构造组成部分的基本知识。

2. 理解装饰构造设计原则及含义。

3. 建立初步的职业认知。

【任务学习】

一、装饰构造范围

1. 楼地面

建筑楼板层是水平方向的承重结构，用来分隔楼层间的空间，包括楼板和地面（首层地面）。梁是跨空间横向构件，楼板层和梁主要承受人、家具等荷载，并将荷载及自重传给承重墙、柱或基础。

地面是指首层室内地面与土层相接的构件，它承受底层房间的荷载，应具有耐磨、防潮、防水和保温的功能。楼面是二层及以上空间地面，承受楼层房间荷载。楼地面装饰应根据不同房间和厅室的使用功能，结合地区条件，选用适当的材料、构造方法与施工方法。

2. 墙柱面

建筑墙柱体是建筑物竖向承重构件，支撑屋顶、楼板等荷载，并将荷载及自重传给基础。墙体是建筑物的承重结构或围护构件，柱体是独立支撑结构的竖向构件，承担并传递梁板荷载。

墙面由室外墙面和室内墙面组成。室内外墙面具有保护墙体及装饰的作用。柱面具有保护柱体、改善室内环境等作用，柱体装饰可以与墙面装饰相同，也可与墙面装饰不同，以起到突出或点缀饰面的作用。

3. 顶棚

顶棚是室内空间与楼板底连接的构件，具有隔声、保温、隔热和反光等作用。顶棚设计形式较多，是可以美化、改善室内空间环境的重点部位。

4. 门窗

门主要用作内外交通联系和分隔房间，窗的作用主要是采光、通风及分隔、围护。门窗都必须具有保温、隔热、隔声、防盗及装饰的功能。

5. 隔断

隔断（隔墙）用于划分不同使用功能的空间，使之互不干扰，是建筑设计中组织功能空间、划分平面的主要手段，起分隔或围护作用，部分隔墙还能起到隔声、防火等作用，有全隔、半隔、透明、半透、不透等区别。

6. 楼梯

楼梯是建筑物的垂直交通工具，用作联系上下楼层和发生紧急事故时疏散人流。楼梯一般由 3 部分组成，即楼梯段、休息平台和栏杆扶手。按楼层间楼梯段的数量和上下楼层方式的不同，楼梯可分为直跑式楼梯、双跑式楼梯、多跑式楼梯等。

二、建筑物系统组成

1. 结构系统

结构系统是建筑物的骨架，承载建筑物内外荷载。

2. 建筑系统

建筑系统包括建筑物屋面、内外围护墙体、地面、门窗等。

3. 装饰系统

装饰系统是与人接触的室内空间环境面，包括天花、墙面、地面、灯光、音响、家具、艺术品、植物等。

4. 通风空调系统

通风空调系统是改善室内空气环境的设备及管道，包括采暖、空调、排气、排烟等设施。

5. 消防系统

消防系统是保证人员防火安全的系统，包括报警、喷洒、防火栓、灭火器、防火门、防火楼梯、防火墙、防火卷帘、消防广播、消防照明等设施。

6. 给排水系统

给排水系统是保证人员及楼宇用水的系统，包括进户管、水箱、水泵、用水器具，以及冷水、热水、饮用水、中水、废水、污水、雨水、空调水、消防水管网等。

7. 强电系统

强电系统是保证楼宇电力及分配的管线系统，包括进户线、变电室、配电室、变压器、动力配电管网、照明管网、用电器具等。

8. 弱电系统

弱电系统是满足人员对信息的要求的管网系统，包括电话、电视、广播、宽带、卫星、无线信号等管网。

9. 气系统

气系统是楼宇所需的气体管网系统，包括天然气、蒸汽等系统。

27

三、装饰构造设计原则

1. 功能要求

（1）保护建筑主体结构

建筑构件直接暴露在大气中，会受到大气中各种物质的侵蚀，如铜铁制品会氧化锈蚀，水泥制品表面会受大气侵蚀而变得疏松，竹木等有机纤维材料会因微生物侵蚀而腐朽。建筑装饰工程通过油漆、抹灰等覆盖性构造措施进行面层处理，可以提高各种建筑构件防火、防锈、防酸碱的能力，并使之免受机械外力的直接磨损。

（2）改善使用环境

对建筑室内外进行装饰，可使建筑物不易污染，易清洁，保持建筑物整洁；提高光线反射率，增加室内与周围环境的照度，丰富环境色彩；改善建筑物的热工、声学、光学等物理性能，为人们创造舒适良好的工作、生活环境。

（3）方便生产、生活

根据工作、生活的需要，充分利用建筑空间布置相应的使用设施。在不影响原有建筑结构正常工作性能的情况下，采取一些构造措施，如厚墙挖洞，安置各种隔板、壁橱等以方便使用。

（4）协调各工种之间的关系

建筑物通常功能要求多，各种设备错综复杂，而装饰工程往往是建筑施工的最后一道工序，它具有统一协调各工种之间矛盾的作用。如果装饰应用得当，构造方法合理，施工操作细致，可提升工程项目的完整性和精确性，更好地满足使用功能的要求。如合理地将风口、窗帘盒、灯具等设施与顶棚或墙面进行有机组合，不仅可以减少相关设备对空间的占用率，还可以节省材料，同时起到美化空间的作用。

2. 精神要求

建筑装饰构造对建筑总体形象及环境气氛的形成具有十分重要的作用，是建筑装饰设计的重要组成部分。不同性质和功能的建筑空间，通过适当的构造方法、材料色彩与质地、细部处理等构造措施，可以改变建筑室内外的空间感，调整和弥补建筑设计空间的缺陷，是建筑设计的延续和深入。通过工程技术与艺术的融合，建筑空间可以体现出不同的设计意境与风格，影响着人们的精神生活，如装饰工程中的细部收口处理，处理手法不同，则装饰效果不同。建筑装饰水平对提升建筑物总体及其内部环境的整体效果至关重要。

3. 安全坚固要求

构造设计应保障建筑的安全可靠性。影响构造设计方案的因素有很多，需结合实际情况，并分清主次轻重。应优先确保房屋的整体强度、刚度与稳定性，兼顾其他因素，使其在施工及使用阶段安全可靠、坚固耐用。

（1）装饰构件自身强度、刚度及稳定性

许多装饰构件包含饰面材料和构件骨架，如吊顶龙骨、吊杆、面板及连接件；隔断、隔墙、采光顶骨架；大型灯箱广告牌、墙顶部位装饰构件等。装饰构件的强度、刚度、稳定性直接影响装饰构造安全及效果。

（2）主体结构安全

装饰构件会增加主体结构承受的荷载，或由于需要削弱或取消部分结构构件，使其安全度降低，如楼地面装饰、吊顶等均会增加荷载；或对室内空间重新进行划分，需要增减部分墙体，会影响主体结构的受力能力。

（3）装饰构件与主体结构连接安全

连接节点承担外界作用的各种荷载，并传递给主体结构。应根据受力情况及位置选择适当的连接材料与连接方式。当所受荷载较大时，应采取措施保障连接的牢固性。

4. 可行性与经济性要求

（1）装饰材料选择合理

装饰材料是装饰工程的物质基础，品种繁多，施工工艺复杂。装饰工程中，所用材料不同，则构造方法不同。装饰构件设计时，应综合考虑材料轻质高强、性能优良、易于加工等性能，包括物理性能（耐磨、耐腐、光洁、隔声、隔热、防潮、防火）、耐久性能、强度、刚度、质感、加工性能（可焊性、黏性）等；应了解材料价格、产地、运输及供应情况；应根据主要功能要求、装饰等级要求选择适用的材料，材料选择在很大程度上决定着装饰工程的质量、造价和装饰效果。

（2）技术先进

建筑装饰设计要通过施工、制作与安装来实现，设计构想需要通过施工实践的检验。因此，装饰构造设计应考虑施工可行性，力求施工便利，易于制作与安装，便于各工种之间的协调配合。采用先进施工技术，提高机械化运用程度及施工效率，对装饰工程质量、工期、造价都有着重要的意义。

（3）经济合理

构造设计应考虑经济合理性。要根据性质和用途确定装饰标准，在保证质量的前提下，就地取材，选择合理的构造方法，以最适宜的造价完成装饰工程。材料选用应降低造价。装饰不是浪费，节约也不是降低标准，优秀的装饰构造设计是通过不同的构造处理手法，创造出更好的使用条件，取得更丰富的装饰效果。

【教学分析】

教学总结
教学过程
教学方法
教学开展

【学习梳理】

提纲		内容与图例	总结（知识 / 技能 / 职业 / 思想）
装饰构造范围			
建筑物系统组成			
装饰构造设计原则	功能要求		
	精神要求		
	安全坚固要求		
	可行性与经济性要求		

【实践实训】

对应任务梳理内容实地参观、记录不同类型装饰装修施工现场。可分组进行。

【学习评价】

序号	考核方向	内容	分值100	赋分
1	知识考核	讨论问答，学习习惯得到改善。发言积极加 1 ~ 5 分	15分	
2	能力考核	任务完成质量，相关知识技能综合应用效果	35分	
3	过程考核	内容完成度	30分	
4	素质考核	考勤纪律，学习状态，对待调整、修改要求的认真程度	10分	
5	思政考核	学习主动性，职业认知	10分	

任务 2　装饰构造方式

【任务描述】

学习装饰构造的基本方式，了解、掌握不同构造方式的基本内容；针对相关内容，线上搜集相关资料，线下参观施工现场，加强对后期分部分项装饰构造施工的理解。

【任务实施】

1. 学习装饰构造的基本方式。

2. 识读相关构造图示与技术要求，理解不同构造方式的特点。

【任务学习】

建筑装饰构造包括装饰结构构造、装饰饰面构造及装饰配件构造。

一、装饰结构构造

装饰结构是装饰构造的骨架，分为两类：一类是贴面类骨架结构，是附贴于建筑主体结构上的纵横向龙骨，如吊顶龙骨骨架、墙面龙骨骨架等，骨架通过预埋件或膨胀螺栓与主体结构连接；另一类是类似于隔断、隔墙的装饰结构骨架，包括木龙骨、轻钢龙骨、铝合金龙骨等结构形式。

二、装饰饰面构造

饰面构造又称"覆盖式构造"，是在建筑构件表面覆盖一层面层，对构件起保护和美化作用。饰面构造主要是用于处理面层与基层的连接构造方法，在装饰构造中占有相当大的比重，如吊顶与结构层之间的连接。

1. 饰面构造与位置的关系

饰面总是附着于建筑主体结构构件的外表面，正确处理饰面构造与位置的关系至关重要。一方面，由于构件的位置不同，不同方向的外表面使得饰面具有不同的方向性，构造处理随之不同。例如，顶棚处于楼板与屋面板下部，墙饰面处于墙的内外两侧，因此顶棚、墙面的饰面构造都应满足防止脱落的要求。而地面饰面铺贴于楼地面结构层上部，构造处理要求耐磨、易清洁等。另一方面，由于所处部位不同，即使选用材料相同，构造处理方法也会不同。例如，大理石墙面要求采用钩挂式构造方法，以保证连接牢靠。但大理石楼地面由于处于结构层上部，不会构成危险，只采用铺贴式构造即可。饰面部位和构造要求如表 1-10 所示。

表1-10　饰面部位和构造要求

名称	部位	构造要求	饰面作用和特性
顶棚	吊顶　下位	防止剥落	对一般室内照明度起反射作用。大厅的顶棚对声音有反射或吸收作用,屋面下的顶棚有保温隔热作用,其他还有隐蔽设备、管线的作用
外墙面（柱面）	外墙面　内墙面　侧位　侧位	防止剥落	对外墙饰面起保护作用,要求具有耐风雨和防大气侵蚀的作用,具有不污染、易于清洁的特性
内墙面（柱面）		防止剥落	要求不挂灰、易清洁,有良好的接触感和舒适感,对光有良好的反射,在湿度大的房间应具有防潮、收湿的性能
楼地面	上位	耐磨等	要求具有一定蓄热性能和行走的舒适感,有良好的消声性能,具有耐磨、不起尘、易清洁、耐冲击等特性。特殊用途地面还要求具有耐水、耐酸碱、耐油脂等特性

2. 饰面构造基本要求

（1）连接牢靠

饰面层附着于结构层,如果构造措施处理不当,面层材料与基层材料膨胀系数不一,黏结材料选择不当或受风化影响等都将使面层剥落。饰面的剥落不仅影响美观和使用,还可能伤及人员安全。因此,饰面构造首先要求附着牢固可靠,严防开裂剥落。

（2）厚度与分层

饰面层的厚度往往与材料的耐久性、坚固性成正比。但随着饰面层厚度的增加,会带来构造方法与施工技术的复杂化。因此,要求进行分层施工或采取其他的加固措施。

（3）均匀与平整

饰面施工除要求附着牢固外,还应均匀平整。通常需经分层反复操作,才能达到理想的装饰效果。

3. 饰面构造分类

饰面构造分类与饰面部位、材料加工情况有关,主要分为罩面类、贴面类、钩挂类,如表1-11所示。

33

表 1-11 饰面构造分类

构造分类		图形		说明
		墙面	地面	
罩面	涂料	基层水泥砂浆找平刮腻子		将液态涂料喷涂固着成膜于构件表面。常用涂料有油漆及大白浆等水性涂料，其他覆盖层还有电镀层、电化层、搪瓷层等
	抹灰	找平层 饰面层		抹灰砂浆是由胶凝材料、细骨料和水（或其他溶液）拌和而成的。常用石膏、白灰、水泥、镁质胶凝材料，以及砂、细炉渣、石屑、陶瓷碎料、木屑、蛭石等骨料
贴面	铺贴	打底层 找平层 黏结层 饰面层		墙面用面砖、瓷砖等，背面用水泥砂浆粘贴在墙上。地面用水泥砂浆等铺贴
	胶结	找平层 黏结层 饰面层		饰面材料呈薄片或卷材状，厚度在 5 mm 以下，如粘贴于墙面的壁纸、玻璃布等。地面粘贴木地板或塑料板等，可直接贴在找平层上
	钉嵌	木螺丝 防火夹板 茶色玻璃		饰面材料自重轻或厚度小、面积大，如木制品、石棉板、金属板、石膏等，可直接钉固于基层，或借助压条、嵌条、钉头等固定
钩挂	系挂	石材 铜丝绑扎加云石胶固定 8#膨胀螺栓 6#钢筋与螺栓固定		用于饰面厚度为 20～30 mm、面积约 1 m² 的石材，可在板材上开孔，用铜丝或钢丝将板材与结构层上的预埋件连接

续表

构造分类		图形		说明
		墙面	地面	
钩挂	钩挂	M10膨胀螺栓 不锈钢挂件 石材开槽 石板材		花岗岩等饰面材料厚 40～150 mm，在块材上留槽口，与结构固定的埋件在槽内连接

三、装饰配件构造

配件构造是通过各种加工工艺，将装饰工程材料制成制品后，在现场组装以满足使用和装饰要求。配件成型方法有塑造与浇铸、加工制作与拼装、搁置与砌筑三类。

1. 塑造与浇铸

水泥、石灰、石膏等可塑性材料经物理、化学变化，制成有一定形状和强度的构件的过程称为塑造。其还可与砂、石等材料胶接成整体，形成不同色彩、强度和性能的配件。铸造是先制模胎，后制阴模，用阴模再复制花饰或构件浇铸。铜、铁、铝等金属材料，通过铸造可制成各种金属饰件，如铸铁栏杆、锻打扶手、铁艺等。

2. 加工与拼装

木制品可通过锯、刨、削、粘、钉、开榫等方法，加工拼装成各种配件。其他人造材料，如石膏板、矿棉板、加气混凝土板等具有与木制品相似的加工性能与拼装性能。金属板具有剪、切、割的加工性能，及焊、钉、卷、铆的拼装性能。加工与拼装的构造方式在装饰工程中应用非常广泛。

3. 搁置与砌筑

水泥制品、陶土制品、玻璃等，可通过黏结材料将分散的块材相互搁置、砌筑成各种图案（表1-12）。

表 1-12　搁置与砌筑的黏结材料

类别	名称	图形		应用说明
黏结	高分子胶	环氧树脂、聚氨酯、聚醋酸乙烯等	环氧树脂 水泥 水玻璃	水泥、石灰等胶凝材料价格便宜，各种黏土、水泥制品多采用水泥砂浆结合
	动植物胶	皮胶、血胶、骨胶、橡胶、淀粉胶		
	其他	沥青、水玻璃、水泥、石膏、石灰		

类别	名称	图形	应用说明
钉合	钉		钉结合多用于木制品、金属薄板、石棉制品、石膏或塑料制品等
	螺栓		螺栓形式、规格、品种繁多，常用于结构及建筑构造的固定、调节
	铆钉		铆钉常用于无须拆卸，特别是需要转动配合的两个物件的连接
	膨胀螺栓		膨胀螺栓可替代预埋件。构件上打孔后放入膨胀螺栓，旋紧固定
榫接	平对接		榫接多用于木制品。其他如塑料、石膏板等具有木材可凿、可削、可锯性能的材料，也可适当采用
	转角顶接		
其他	焊接		用于金属、塑料等各种材料的结合
	卷口		用于薄钢板、铝皮、铜皮等的结合

【教学分析】

教学总结
教学过程
教学方法
教学开展

【学习梳理】

提纲		内容与图例	总结（知识 / 技能 / 职业 / 思想）
装饰结构构造			
装饰饰面构造	饰面构造与位置的关系		
	饰面构造基本要求		
	饰面构造分类		
装饰配件构造			

【实践实训】

通过线上收集图像资料，线下参观施工现场，整理、记录、归类不同装饰构造方式的应用情况。可分组进行。

【学习评价】

序号	考核方向	内容	分值100	赋分
1	知识考核	讨论问答，学习习惯得到改善。发言积极加 1 ~ 5 分	15 分	
2	能力考核	任务完成质量，相关知识技能综合应用效果	35 分	
3	过程考核	内容完成度	30 分	
4	素质考核	考勤纪律，学习状态，对待调整、修改要求的认真程度	10 分	
5	思政考核	学习主动性，职业认知	10 分	

任务3　装饰构造技术

【任务描述】

了解影响装饰构造设计的室内外环境因素，熟悉构造设计的规范要求，掌握一般设计方法，为提高后续分部分项工程构造设计的合理性打好基础。

【任务实施】

1. 了解影响装饰构造设计的因素。理解、掌握装饰构件自身及其与主体结构的关系、相关实施措施等。

2. 学习装饰构造设计的基本方法，能够与室内设计、装饰材料等课程的知识有机结合，并加以运用。

3. 结合自身实践、认知强化对装饰构造技术的理解，树立安全可靠、经济美观、为客户着想的构造设计理念。

【任务学习】

一、影响构造的因素

1. 外力作用

外力包括人、家具和设备的重量，结构自重，风力，地震力，以及雪重等。

2. 自然气候

自然气候如日晒雨淋、太阳的热辐射、风霜雨雪等，均会影响建筑物的正常使用。对于这些因素，在构造上必须考虑相应的防护措施，如防水防潮、防寒隔热、防温度变形等。

3. 人为因素

人为因素包括火灾、机械振动、化学腐蚀、爆炸、噪声等，在构造上需采取防火、防振、防腐、防爆及隔声等相应措施，避免建筑物的使用功能遭受不应有的损失和影响。

4. 建筑技术条件

构造技术会因建筑材料技术、结构技术和施工技术等的不断发展变化而随之改变并提高。

5. 建筑标准

建筑标准所包含的内容较多，与构造关系密切的主要有建筑的造价标准、建筑装修标准和建筑设备标准。高标准建筑装修质量好，设备齐全且档次高，其造价自然也会较高；反之，则造价较低。

二、装饰构造结构安全设计

1. 装饰构件自身安全设计

装饰构件自身安全设计时应注意的问题如表1-13所示。

表1-13　装饰构件自身安全设计时应注意的问题

装饰构件	装饰构件自身安全设计时应注意的问题
吊顶	龙骨型号根据承重情况、吊点间距综合确定； 按规定采用吊挂件，保障吊杆与龙骨连接的牢固性
	龙骨间距取决于饰面板的材料、厚度，石膏板饰面吊顶龙骨间距不能使石膏板跨距过大； 卫生间、厨房等有受潮湿可能性的房间采用轻钢龙骨时，饰面层须采用防潮石膏板或其他防水板材
	上人吊顶内的走道须单独设置吊杆、走道龙骨以及铺板； 吊顶中通过的风道须另设吊杆，不可直接吊挂于轻钢龙骨石膏板的吊杆上；吊杆上安装格栅式照明灯具等设施时，如需切断吊顶龙骨，则应采取加固措施
隔墙与隔断	立筋式隔墙隔断骨架宜选用型钢骨架、轻钢骨架； 砌块式隔墙隔断应加强块材间的连接以及基座的刚度； 对隔墙隔断的强度、刚度、侧向稳定性应进行必要的验算，并加强其与沿地、沿顶、侧向与主体结构的支撑
	湿度较大或无地下室的首层，做轻钢龙骨石膏板隔墙时，地面与墙体交接处应做与石膏板墙同宽的混凝土或砖砌水埂，高度可与踢脚相同； 卫生间可做轻钢龙骨防水石膏板隔断，墙体上固定水暖管道器具等重量较大的部件时，须用金属支架加固
幕墙	根据计算选用幕墙铝合金骨架、玻璃、金属、石材等饰面板及其连接件，并进行正常荷载及风、热荷载作用下的承载力、刚度和稳定性验算
采光顶	根据计算选用采光顶面板和铝合金（或型钢）骨架，并对骨架连接节点进行承载能力的验算
大型灯箱广告牌 浮雕花饰 女儿墙 雕塑	女儿墙、屋面或建筑其他部位设置广告牌、霓虹灯广告、大屏幕电视广告等须考虑风荷载，并进行必要的强度、刚度、稳定性验算，采取相应结构构造措施，设置可靠支撑，以保证支架的整体稳固性
	在地震设防区须按抗震要求限制女儿墙的高度或采取加强措施
	大型独立雕塑等装饰构件须进行必要的强度、刚度、稳定性验算
	对于用轻钢结构、铝合金材料制作的雨篷、遮阳罩等，须考虑对大风、积雪的承受能力

2.装饰构件对主体结构的影响及处理措施

装饰构件对主体结构的影响及处理措施如表1-14所示。

表1-14　装饰构件对主体结构的影响及处理措施

装饰构件		装饰构件对主体结构的影响及处理措施
楼地面	开洞	预制多孔楼板上开洞，只能在有圆孔部位，不能损坏板肋，应利用两块楼板之间的拼缝处开洞；板上开洞位置不能布置在梁上；洞口较大时要采用加固措施
	开槽	楼板开槽深度只能到楼板面上的结合层、炉渣垫底层，否则楼板可能断裂
	改变墙体位置	轻钢龙骨石膏板墙一般可根据要求改变位置； 砖墙改变位置时，须考虑楼板的承载能力，并采取加固措施

装饰构件		装饰构件对主体结构的影响及处理措施
楼地面	改变房间用途	办公室改卫生间或休息室改贮藏室等，应根据楼面承载大小的变化考虑楼板、梁、柱的承受能力，考虑是否需要采取加固措施； 改为卫生间的房间需要考虑防水要求
	管道穿梁	必须设置在吊顶内的通风及上下水管道、喷淋管道等，如因吊顶高度受限必须在楼板或顶板下通过，必须注意风道或上下水管道的穿梁高度。在梁的跨中通过时，一般在梁高度的中部预留孔洞；在梁端部通过时，对开洞部位必须进行梁的断面抗剪能力验算。必须穿梁的管道一般设计成扁形，尽量缩小其高度方向的尺寸
墙体	墙面饰面	须在墙体内埋设水暖电管道，或在墙面开门窗口，会加大墙体荷载，应注意墙体受力状态的改变
	承重墙开槽开洞	垂直和水平方向的沟槽，37 墙槽深不能超过 12 cm，24 墙槽深不能超过 6 cm；钢筋混凝土墙沟槽深度不能超过墙体混凝土保护层厚度，管道埋入后应用素混凝土将沟槽处堵严；钢筋混凝土剪力墙开凿门窗洞口，须在洞口四周采取加固补强措施
	旧房改造	需拆除的承重墙须在墙体上部先用梁加固； 钢筋混凝土剪力墙一般不能拆除，必须拆除时须进行结构验算，采取可靠的加固措施； 在楼层上新增墙体时，必须对楼板或梁柱进行承载力及刚度验算

3. 装饰构件与主体结构的连接措施

装饰构件与主体结构的连接措施如表 1-15 所示。

表 1-15　装饰构件与主体结构的连接措施

装饰构件	装饰构件与主体结构的连接措施
吊顶或悬挂设施与主体结构	吊顶与楼板须通过吊杆连接。吊杆一般采用 $\phi6 \sim \phi8$ 圆钢，上端与锚固在楼板上的膨胀螺栓或埋件焊接拉结
	吊顶大型枝形吊灯、水晶玻璃灯、较重的吸顶式空调器等设备，重量较大，应考虑吊杆及悬挂点的安全可靠性，采取相应的加固措施
幕墙、大型饰面板及浮雕与主体结构	幕墙与主体结构的连接应考虑风荷载、自重、地震等的影响，优先采用预埋铁件，并进行必要的强度验算
	高度较大的墙（柱）体表面铺贴花岗岩、大理石等饰面材料，须保证与墙面基层的黏结力。单块面积较大、重量较大时，可采用墙面铺设金属龙骨，用铜丝与花岗岩等块材钩挂，缝隙灌注胶黏剂等方法，加强块材与基层的黏结力
	大型浮雕、花饰等块体必须采用膨胀螺栓、预埋钢板焊接等措施与墙面连接牢固

三、装饰构造防火设计

结合《建筑内部装修设计防火规范》（GB 50222-2017）综合考虑建筑装饰构造防火问题，保障建筑室内空间的安全性。装饰构造防火设计注意事项如表 1-16 所示。

表 1-16　装饰构造防火设计注意事项

防火设计		防火设计注意事项
建筑防火设计		合理规划建筑布局；确定建筑物的耐火等级；划分建筑内部的防火防烟分区；设计避难通道，计算避难出口数量；设立防排烟系统；设立火灾自动报警、广播和疏散诱导系统；设立消火栓系统和自动灭火系统
建筑装饰防火设计	防火等级	根据国家现行《建筑内部装修设计防火规范》（GB 50222-2017）评判原建筑防火性能，不得擅自改变或移动原有消防设施。确有需要时须采取相应保证措施，不得降低原建筑防火等级。建筑物改变用途，应按新用途重新审查建筑防火等级
	装饰材料	按规范选用装饰材料，防止和减少建筑物火灾危害。室内装饰设计中，妥善处理装饰效果与使用安全的关系，积极采用不燃性材料，尽量避免采用燃烧时产生大量浓烟或有毒气体的材料。根据建筑装饰材料特性及施工工艺，在施工期间采取相应防火措施
	防火设备	常用自动喷淋系统、自动烟感报警系统、防排烟系统、消火栓、消防箱、防火门、防火卷闸门等；消防专用设备的安装调试需经消防专业施工单位进行。装饰施工单位的施工不能影响消防喷淋、报警、防排烟设施的正常使用。如避免天花板影响水喷淋头的保护面积，空调送风口不能太靠近烟感探测器等
	构件防火	木结构骨架须涂刷防火涂料，提高耐火极限；装饰结构或饰面内的供电照明系统采用套管布线等防火处理
装饰材料选用		建筑物内部装修材料按其使用部位和功能，可划分为顶棚装修材料、墙面装修材料、地面装修材料、隔断装修材料、固定家具、装饰织物、其他装修装饰材料（楼梯扶手、挂镜线、踢脚板、窗帘盒、暖气罩等）七类，其燃烧性能划分为四级：A 为不燃性，B_1 为难燃性，B_2 为可燃性，B_3 为易燃性

材料类别	级别	常用装饰材料燃烧性能等级
各部位材料	A	花岗岩、大理石、水磨石、水泥制品、混凝土制品、石膏板、石灰制品、黏土制品、玻璃瓷砖、马赛克、钢铁、铜合金等
顶棚材料	B_1	纸面石膏板、纤维石膏板、矿棉装饰吸声板、珍珠岩吸声板、难燃胶合板、难燃中密度纤维板、岩棉板、铝箔复合材料等
墙面材料	B_1	纸面石膏板、纤维石膏板、矿棉板、岩板、难燃胶合板、难燃中密度纤维板、防火塑料装饰板、难燃双面刨花板、多彩涂料、难燃墙纸墙布等
	B_2	各类天然木材、木制人造板、竹材、纸制装饰板、微薄木贴现板、聚酯装饰板、复塑装饰板、塑纤板、胶合板、塑料壁纸、无纺贴墙布墙布、复合壁纸、人造革等
地面材料	A	花岗岩、大理石、水磨石、水泥制品、混凝土制品、黏土制品、玻璃瓷砖、马赛克、钢铁、铜合金等
	B_1	硬 PVC 塑料地板、水泥刨花板氯丁橡胶地板等
	B_2	半硬质 PVC 塑料地板、PVC 卷材地板、地毯等
装饰织物	B_1	经阻燃处理的各类难燃织物等
	B_2	纯毛装饰布、纯麻装饰布、经阻燃处理的其他织物等
其他装饰材料	B_1	聚氯乙烯塑料、酚醛塑料、聚碳酸酯塑料、三聚氰胺、经阻燃处理的各类织物等
	B_2	经阻燃处理的聚乙烯、聚丙烯、聚氨酯、聚苯乙烯、玻璃钢、化纤织物、木制品等

防火设计		防火设计注意事项
防火结构部位		着重防火的结构部位有吊顶、墙面、地面、厨房、玻璃幕墙等。 吊顶部位的木龙骨架、木吊杆件、木夹板面以及安装顶部设备所用的木支架等；墙体部位的木骨架、木夹板，隔断用木骨架和木夹板，装饰造型用木骨架，固定木家具，柱体木结构部位；地面实铺木地板、羊毛和化纤地毯
		供电线路和大功率电器具，厨房灶具部分，燃料、油料存放处
		玻璃幕墙的节点防火封堵
消防要求	消防设施	装饰结构不得妨碍消防设施的使用功能，不能随便移动消防设施的安装位置，不能随意封闭消防设施，以免使消防设施未处在醒目位置而难以寻找；装饰结构的施工不能损坏消防设施和各种管道
	木结构	所有木结构骨架都应涂刷防火涂料或防火漆
	管道	采暖管道通过可燃烧结构时，应与可燃结构保持大于 5 cm 的距离或采用石棉、膨胀珍珠岩等非燃烧材料将其隔离；各种管道穿越建筑墙面时，不论是否在吊顶以下或上面，均需用非燃烧材料密封穿孔处空隙；防火墙处（防火分隔处）不应有通、排风管道穿过，如不能避免，应在穿过处加设防火阀
	消防疏散通道	疏散通道、封闭楼梯间、防烟楼梯间、消防前室、避难层等人员疏散要道的装修结构应采用非燃材料，饰面用非燃或难燃材料；严禁使用未经消防部门鉴定的塑料化学制品等装饰材料；防火门一般为平开门，关闭后，能从任何一侧手动开启，用在疏散通道上的防火门宜采用单向弹簧门，并应向疏散方向开启
	沉降缝等	沉降缝、伸缩缝的表面装饰层不应采用可燃材料；靠近热源的固定装置或用于热操作的固定装置，其表面材料必须采用防火防烫材料；装饰操作现场严禁吸烟
灯具消防要求	消防疏散通道	疏散走道、安全出口处应布置疏散指示灯；疏散走道、封闭楼梯间、防烟楼梯间、消防前室等人员疏散部位均应设置应急照明灯，连续工作时长不小于 30 分钟
	安装	灯具宜采用吊装或螺丝固定的方式，不应用黏结方式；木结构上安装日光灯应采用安全型灯架，不允许将日光灯管直接安装在装饰木结构上
	光源	尽量采用冷光源或混合光源等低功率灯泡，如必须使用碘钨灯、高压汞灯，则应加装金属防护罩，远离可燃材料。白炽灯泡应安装在金属罩壳内，不可直接安装在可燃装饰结构上。白炽灯不宜超过 60 W，如需提高光亮度，需用节能型灯

四、装饰构造内容与方法

　　建筑装饰构造是对建筑细部的装饰设计，通过合理的方法可以改变建筑空间的感觉和建筑体形的表现形式，影响建筑最终的装饰效果。想要创造和谐统一的空间，就需要在空间组合、造型处理、色彩调配、材质与纹理运用、分块格式、构造设缝、建筑物尺度、比例调整等方面进行综合设计。构造节点的处理建立在精心设计的前提之下，根据装饰所用材料的特性和所处部位的不同，确定装饰构造的做法，以保证建筑装饰设计的科学性与适用性。

1. 空间组织

对建筑所提供的内部空间进行处理，在建筑设计的基础上根据功能要求进行空间的二次分隔及组合。空间组织要考虑空间特点、功能要求、艺术特点及心理要求，通过调整空间各组成部分之间的关系、尺度和比例，解决空间与空间之间的衔接、对比、统一等问题。不同的分隔组合方式决定了空间之间的联系程度，产生不同的空间体验感。

2. 界面设计

（1）界面造型

室内空间的界面主要指各种墙面、地面、顶棚及隔断。界面造型的设计应结合材料特性、尺度比例、构造方式及施工工艺，如大面积的涂刷类饰面会由于材料的干缩不均匀而产生开裂、不平整等现象，为便于施工，一般采用分块设缝，变大为小，既有利于施工，又能使装饰面层取得良好的尺度感。

（2）色彩运用

色彩设计应与环境功能要求相匹配，考虑室内空间整体效果。运用配色理论，通过色相、明度、纯度的对比，结合家具、陈设、照明色彩，调节建筑空间，弥补建筑设计中的缺陷；利用色彩具有引起人们不同情绪变化的作用，创造、调节空间氛围。一般情况下，冷色优雅宁静，暖色温暖兴奋，高纯度或高明度的色彩华丽绚烂。色彩影响因人而异，又具有一定的共通性。

（3）材料运用

材料质感表现在形态、色彩、光泽、纹理、粗细、透明度等方面，可以归纳成粗糙与光滑、粗犷与细腻、深厚与单薄、坚硬与柔软等基本感觉形态。不锈钢、玻璃等光洁度高、质地坚实的材料用于局部重点装饰；镜面、磨光石材等反光材料可扩大空间。材料表面质地不同，产生的声、光、热等物理效果也不同，粗糙面反射均匀，吸收力强；光滑表面反射强，吸收力弱。室内装饰效果很大程度上取决于对装饰材料色彩、质感的合理使用。

（4）纹理运用

纹理有直线、曲线、几何图案等，不同形态呈现出粗细、疏密的变化。如利用木材生长年轮的多种纹理，通过形态、尺度和方向的不同运用，可以丰富空间设计，增强装饰效果；利用墙面材料的竖向纹理增加空间高度感，利用横向纹理增加房间的宽度感；选用粗犷纹理或大图案缩小空间，应用细致纹理、小图案可扩大室内空间等。

3. 物理环境设计

对室内体感气候、采暖通风、温湿调节等方面的设计处理，是现代室内设计的重要组成部分，是衡量室内环境质量的重要标准。随着经济的高速发展，建筑逐渐成为一个充满各种各样现代化设备的综合体，尤其是一些大中型公共空间，其结构空间大，功能要求多，装饰标准高，各种设备之间的关系错综复杂。因此，必须通过构造手法处理好它们之间以及它们与装饰效果之间的关系，合理安排各类外露部件，如出风口、灯具等的位置，采取相应的固定、连接措施，使它们与主体结构相辅相成，融为一体，并与建筑、结构、电气、设备（采暖）空调、给排水等专业密切配合协调，卓有成效地解决错综复杂的矛盾。随着现代化建筑领域中科技与艺术的不断发展创新，多个专业与工种的配合协调已成为现代室内设计的关键。

4. 陈设设计

室内陈设一般分为功能性陈设和装饰性陈设，包括室内家具设备、装饰织物、陈设艺术品、照明灯具、绿化等方面的装饰设计处理。通过对室内物体的形、色、光、质的设计组合，在满足功能要求的基础上，共同创造一个高舒适度、高实用性、高精神境界的室内环境，营造出和谐统一的空间氛围，起到规范行为、调整心情、提升思想的作用。

功能性陈设实用价值与观赏性并存，如家具、灯具、织物、器皿等。家具是室内陈设艺术中最主要的部分，包括实用性家具（床、沙发、衣柜等）和观赏性家具（博古架、屏风等）。灯具起照明作用，主要有吸顶灯、吊灯、地灯、嵌顶灯、台灯等。织物的材料日新月异，用途越来越广，是衡量室内装饰水平的重要标志，如窗帘、床罩、地毯等软装设计。

装饰性陈设以装饰、观赏为主，如雕塑、字画、工艺品、植物等。室内植物可以使内外空间过渡顺畅，形成空间的延伸。绿植本身具有较好的观赏性，可吸引人们的注意力，起到含蓄的提示与指向作用，还可以柔性划分空间，使空间各部分既保持各自的功能，又不失整体性。随着人们对室内环境舒适度的追求，室内绿化设计越来越受到重视。

【教学分析】

教学总结
教学过程
教学方法
教学开展

【学习梳理】

提纲		内容与图例	总结（知识/技能/职业/思想）
影响构造的因素	外力作用		
	自然气候		
	人为因素		
	建筑技术条件		
	建筑标准		
装饰构造结构安全设计	装饰构件自身安全设计		
	装饰构件对主体结构的影响及处理措施		
	装饰构件与主体结构的连接措施		
装饰构造防火设计			
装饰构造内容与方法	空间组织		
	界面设计		
	物理环境设计		
	陈设设计		

【实践实训】

通过线上收集图像资料，线下参观施工现场或不同类别的建筑空间，体会内部空间对安全、防火等构造要求的设计处理，并进行整理、记录与总结。可分组进行。

【学习评价】

序号	考核方向	内容	分值100	赋分
1	知识考核	讨论问答，学习习惯得到改善。发言积极加1～5分	15分	
2	能力考核	任务完成质量，相关知识技能综合应用效果	35分	
3	过程考核	内容完成度	30分	
4	素质考核	考勤纪律，学习状态，对待调整、修改要求的认真程度	10分	
5	思政考核	学习主动性，职业认知	10分	

项目二
居住建筑装饰构造

【项目概述】

　　居住建筑是人们日常生活中接触最为频繁、使用时间最长的建筑类型，其室内空间设计是装饰构造的重要组成部分。装饰构造设计与实施应充分满足安全可靠，防火防潮，水、电、燃气的安全使用，以及家具陈设的合理布置等要求。

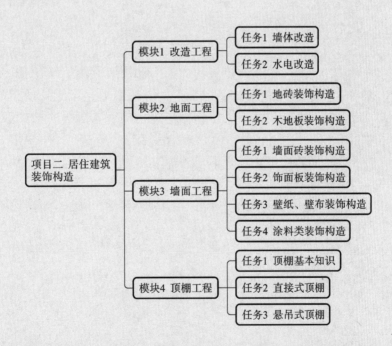

模块 1

改造工程

【模块导图】

改造工程是建筑装饰工程施工前期的准备工作。根据客户需求与室内装饰设计要求对原有建筑空间进行墙体与水电线路的改造，使之符合装饰装修设计需要。

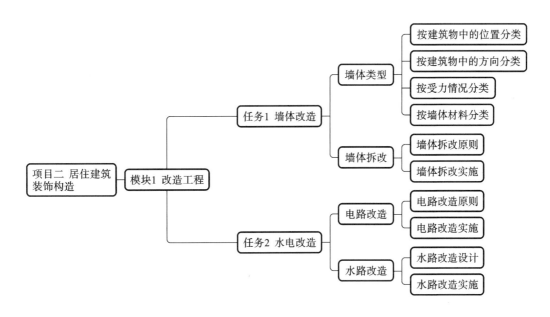

任务 1　墙体改造

【任务描述】

通过学习墙体类型，学生能够识别建筑空间中不同墙体的材料与受力等情况，并根据规定条件确定墙体拆改方案。

【任务实施】

1. 学习墙体类型，熟知墙体材料特点与结构类型等。

2. 认识建筑空间内的不同墙体。

3. 初步设计墙体拆改方案。

【任务学习】

一、墙体类型

1. 按建筑物中的位置分类

墙体按照在建筑物中所处的位置分为外墙和内墙。外墙位于建筑物四周，是建筑物的围护构件，起着挡风、遮雨、保温、隔热、隔声等作用；内墙位于建筑物内部，主要起分隔内部空间的作用，也可起到一定的隔声、防火等作用。

2. 按建筑物中的方向分类

墙体按照在建筑物中的不同方向分为纵墙和横墙。纵墙是指沿建筑物长轴方向布置的墙；横墙是指沿建筑物短轴方向布置的墙。其中外横墙通常称为山墙，如图 2-1 所示。

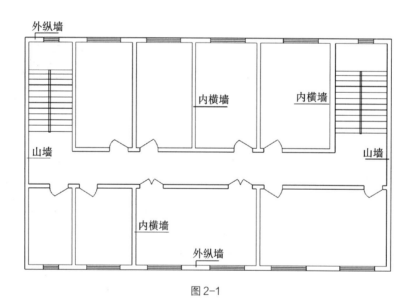

图 2-1

3. 按受力情况分类

墙体按照受力情况分为承重墙和非承重墙。承重墙是指直接承受梁、楼板、屋顶等传下来的荷载的墙，是建筑物的结构体系，进行室内空间设计时是不允许改动的；非承重墙是只承受墙体自重，不承受上部楼层重量的墙体，起分割室内空间的作用，包括隔墙、填充墙和幕墙（图 2-2）。墙体拆改时可根据实际情况，在保证建筑物安全与稳固的前提下，进行拆除或开洞。

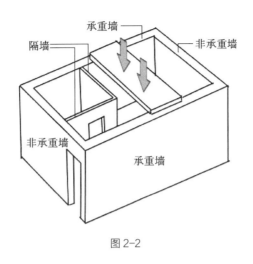

图 2-2

4. 按墙体材料分类

墙体按照使用材料分砖墙、砌块墙、钢筋混凝土墙等（图 2-3）。砖墙是最常用的墙体，多用于砖混结构中低层或多层建筑物；混凝土墙可现浇、预制，在多层和高层建筑中广泛应用。随着技术的发展，利用炉渣、粉煤灰等工业废料制成的各种墙体砌块材料得到了积极推广和应用。

图 2-3

二、墙体拆改

1. 墙体拆改原则

（1）提前设计，经济合理

根据客户需求，重新进行房间布局，设计拆改方案，报备物业管理部门，得到批准后方可实施。并且应尽量利用原墙体材料，减少拆改工程量，避免浪费材料与人工。

（2）分清墙体受力情况

承重墙不可拆改，非承重墙根据墙体对房屋构造的影响确定拆改方案。通常情况下，钢筋混凝土墙体不可拆改，砖墙与砌块墙根据房屋结构施工图或实际空间内墙体结构设计拆改方案，其他隔墙可拆改。

（3）选择实用性更好的材料

新砌墙体尽量选择与原墙体相同的材料，或自重更小、隔声效果更好、性价比更高的材料，以满足房屋整体受力与构造的合理性。

（4）结合电路管线改造

墙体中通常带有电路管线，拆改方案要结合电路管线的改造设计。

2. 墙体拆改实施

（1）准备工作

施工前报备物业管理部门；对墙体拆除现场进行围护，防止扬尘，降低噪声，实行封闭施工；设置施工标牌、安全警示牌等，施工人员佩戴安全帽，做好保护措施；切断电源，关闭天然气；遵循自上而下的拆除顺序，不得多面墙同时拆除。

（2）拆除流程与施工

根据拆改设计方案，确定拆除部位与尺寸，准确定位后进行弹线，使用切割机对墙体进行切割，电镐点钻、打孔后再锤击拆除。

尽可能减小拆除时产生的震荡及对相关墙体的损伤。需要新旧墙体交接的部位，应每隔 30 ～ 40 cm 保留齿口，以便新墙体砌筑时与之充分咬合。拆除过程中，发现墙体中有不明电线、管道时，立即停止施工，采取应急措施进行处理。

（3）拆除完成

墙体拆除完成后，要及时清运渣土，清理现场。

【**教学分析**】

教学总结
教学过程
教学方法
教学开展

【学习梳理】

提纲		内容与图例		总结（知识/技能/职业/思想）
墙体类型	按建筑物中的位置分类			
	按建筑物中的方向分类			
	按受力情况分类			
	按墙体材料分类			
墙体拆改	墙体拆改原则			
	墙体拆改实施	准备工作	报备	
			现场	
			顺序	
		拆除流程与施工	流程	
		拆除完成		

【实践实训】

1.对应任务梳理内容，实地参观、记录建筑空间墙体情况。可分组进行。

2.根据规定平面及要求，绘制墙体拆改平面图。

【学习评价】

序号	考核方向	内容	分值100	赋分
1	知识考核	学习内容梳理得当，讨论问答，发言积极加1～5分	15分	
2	能力考核	任务完成质量，相关知识技能综合应用效果	35分	
3	过程考核	内容完成度	30分	
4	素质考核	考勤纪律，学习主动性，对待调整、修改要求的认真程度	10分	
5	思政考核	学习实训状态，职业认知	10分	

任务 2　水电改造

【任务描述】

根据客户情况或设定，结合室内设计方案与空间条件，学习水电线路改造设计与施工内容；掌握设计原则，熟悉常用材料，了解施工流程与主要工艺要求。

水电改造虽为隐蔽工程，但同样要求严把质量关，培养精益求精、对客户负责的职业精神。

【任务实施】

1.学习水电改造设计原则与材料。

2.熟悉施工流程及主要工艺要求。

3.水电改造图绘制或实地施工记录训练，感受精益求精的职业素养。

【任务学习】

一、电路改造

1.电路改造原则

（1）设计多路化

根据各房间电气设备使用情况，结合整体装饰设计方案，统筹考虑可能性、可行性、可用性，提前确定线路是否需要增容，以免后期使用不便或改造引起预算超支；做到空调、厨卫、客厅、卧室、电脑及大功率电器分路布线；插座、开关分开，强、弱电分开，各回路独立使用漏电保护器。

（2）材料规范化

材料选用国家强制 3 C 认证标准的 BV（聚氯乙烯绝缘单芯铜线）导线，遵循不同用途线缆分色原则，保证线色统一分配，有利于后期维护。

（3）电路走线原则

一般为"点对点"原则，不刻意绕线，但保持相对灵活。水电线路相遇，一般水路在下，电路在上，防止漏水对电路造成损坏。

2. 电路改造实施

（1）电路改造流程

施工现场成品保护→按照电路设计图定位→依线路走向弹线→按线开槽→管线固定→穿钢丝拉线→连接强弱电线接头→封闭电槽→验收测试。

（2）电路改造施工

弹线要横平竖直，开槽深度 30 mm 以上，穿线管径 20 mm。避免大面积横向开槽，线管转角处预留一定幅度，便于更换电线；强、弱电用不同颜色管道铺设，不同槽，间距在 30 mm 以上，交叉处用锡箔纸包裹，防止强电影响弱电，导致信号减弱；家用电线一般选 2.5 mm² 的铜芯线，但热水器、空调等大功率电器应使用 4 ~ 6 mm² 的铜芯线；电线接头用绝缘胶布包扎严密，不可裸露在外，避免发生短路事故。电路改造如图 2-4 所示。

图 2-4

（3）电路改造检验

对强弱电进行验收测试，包括线头连接，布线是否到位，插座开关的数量、位置与型号，线路与信号检测等，合格后方可进行后续工作。

二、水路改造

1. 水路改造设计

（1）遵循原则

水路改造遵循"走天不走地，走竖不走横"的设计原则，避免大幅提升地面高度而影响层高；冷热水管不同槽；墙内隐蔽水管采用整管，接口弯头留于顶内；厨卫设备预留上、下水位置及电源位置；加装给水管总控阀，厨卫设备区域内设置独立给水阀，便于设备检修与更换。

（2）水路材料

PPR 给水管道性能稳定，管件连接方便，隐患较小。避免使用含铅 PVC 给水管材及镀锌管材。

2. 水路改造实施

（1）水路改造流程

按照图纸设计定位→现场成品保护→根据线路弹线→对应弹线在顶面固定水卡→按照弹线走向开槽、清理→墙顶面水管固定→回路检查→水路打压验收测试→封闭水槽。

（2）水路改造施工

严格遵守图纸设计的走向和定位进行施工。检查材料及配件是否合格。熟悉、掌握常用家用电器机型要求的给水排水口位置及尺寸，以及安装操作位置要求的参考数据。一般情况下，管路正对给水口方向，右冷左热，横平竖直。

管材剪切采用专用管剪，切口平整无毛刺；PPR 管采用热熔接，接口强度大，安全性能高。PPR 与 PB、PE 等不同材质热熔类管材连接时，需使用专用转换接头或进行机械式连接，不可直接熔接。

顶面给水管及管路转弯、接头处需采用金属卡固定，间距一般不大于 600 mm，减少因水流通过产生震动而造成的墙砖脱落。

卫生间防水要求如下。

施工工艺与流程：防水涂料基层处理→水泥砂浆找补、找平→下水管根部及墙面阴角做防水附加层→横竖交叉涂刷 2 ～ 3 遍→闭水试验。

防水层应从地面延伸到墙面，高出地面 300 mm；淋浴部分墙面防水层高度大于 1800 mm，宽度大于 1500 mm。地漏、管套、卫生洁具底部、阴阳角等部位，应做防水附加层。

验收标准：无气泡、褶皱、破损等现象，闭水试验 24 小时无渗漏。

（3）检验与成品保护

水路改造完成后需做改造验收，包括给水水路验收和排水水路验收。给水水路验收参考《建筑给水排水及采暖工程施工质量验收规范》（GB 50242—2002）中管道打压测试方法，以稳压后半小时内压力下降不超过 0.05 MPa 为合格；排水水路验收进行灌水实验，以排水畅通、管壁无渗漏为合格。

应进行下水管成品保护，防止异物撞击或堵塞造成损失。

【**教学分析**】

教学总结
教学过程
教学方法
教学开展

【学习梳理】

提纲	内容与图例			总结 （知识／技能／职业／思想）
电路改造	电路改造原则			
	电路改造实施	电路改造流程		
		电路改造施工		
		电路改造检验		
水路改造	水路改造设计	遵循原则		
		水路材料		
	水路改造实施	水路改造流程		
		水路改造施工		
		检验与成品保护		

【实践实训】

1. 对应任务梳理内容。

2. 视具体情况，对模拟项目或实际项目进行水电改造设计或施工记录。

【学习评价】

序号	考核方向	内容	分值100	赋分
1	知识考核	讨论问答，学习习惯得到改善。发言积极加 1 ~ 5 分	15 分	
2	能力考核	任务完成质量，相关知识技能综合应用效果	35 分	
3	过程考核	内容完成度	30 分	
4	素质考核	考勤纪律，学习主动性，对待调整、修改要求的认真程度	10 分	
5	思政考核	学习实训状态，职业认知	10 分	

模块 2

地面工程

63

【模块导图】

　　室内地面是建筑物中接触、使用最频繁的部位，它承受来自本层及以上层的全部荷载。因此，室内地面的装饰设计不仅要满足美学要求，更要方便，满足人们工作生活的安全使用要求。

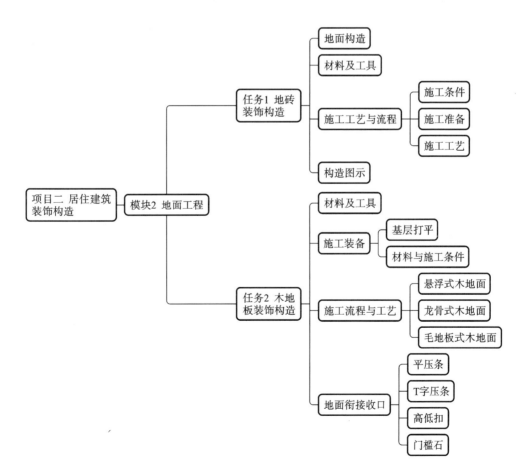

任务1 地砖装饰构造

【任务描述】

调研地砖材料市场，了解不同品类地砖材料的特点、规格、适用性等；掌握常用地砖铺贴构造工艺与施工流程；绘制指定空间地砖铺贴 CAD 构造图。

理解客户至上的含义，明白适宜客户实际情况与要求的装饰材料与施工方式才是最好的选择。

【任务实施】

1. 调研地砖材料市场，记录不同地砖的特点、规格等数据。

2. 熟悉、掌握地砖铺贴工艺与流程。

3. 培养专业态度，逐渐养成职业意识。

【任务学习】

一、地面构造

地砖地面构造要求及组成如表2-1所示。

表2-1 地面构造要求及组成

地面构造要求		地面构造组成		
功能	内容	层次	构造作用	构造图示
坚固	足够的强度。要求在外力作用下不易破坏和磨损，能起到保护楼层、地层结构，承受人、家具、设备等荷载的作用	面层	面层是人们生活、工作、学习时直接接触的地面层次。不同空间的使用功能和装饰要求不同，面层所用材料和做法也会各不相同，对材料、构造做法的选择必然不同	面层 填充层(附加层) 结构层(基层) 板底装修层
热工性	良好的热工性能。在北方地区的冬季，人在地面上行走时，应具备温暖舒适的感觉，要保证寒冷季节脚部舒适			
弹性	改善房间使用质量。使人驻留或行走其上有舒适感，不致有过硬的感觉，有弹性的地面对防撞击声有利	附加层	为满足特殊使用功能而在面层和结构层之间增设的附加层，如防水层、保温层等	

续表

地面构造要求		地面构造组成		
功能	内容	层次	构造作用	构造图示
特定功能	对有水作用的房间，地面应防潮、防水；对有火灾隐患的房间，应防火、耐燃烧；对有酸碱作用的房间，则要求地面具有耐腐蚀的能力等	基层	结构层，一般采用钢筋混凝土，厚度为 10～120 mm	
易清洁	表面平整、光洁，不易起尘，易清洁，能够达到美观的作用			
经济	便于施工，经济耐用			

二、材料及工具

地砖铺贴材料及工具如表 2-2 所示。

表 2-2 地砖铺贴材料及工具

分类	特性及常用规格	参考图例
地砖	结构紧密、平整光洁、抗腐耐磨、品种繁多、吸水性小、防水耐热、易施工维护，装饰效果好，抗冲击韧性差。常用规格为 600 mm×600 mm、800 mm×800 mm、1000 mm×1000 mm、750 mm×1500 mm、900 mm×1800 mm	
硅酸盐系水泥	硬化后强度较高，干缩性较小，能抵抗淡水或含盐水的侵蚀。常用标号为 425#	
中砂	细骨料，含泥量不得大于3%，水泥砂浆配合比一般不低于1:2，水灰比为1:0.3～1:0.4，稠度不大于3.5 cm	
常用机具	抹子、灰铲、直木杠、水平尺、墨斗、尼龙线、靠尺板、橡皮锤、硬木拍板、钢凿、切砖机等	

三、施工工艺与流程

1.施工条件

（1）材料合格

地砖的品种、规格、花色、图案和产品等级应符合设计要求；产品质量必须符合现行有关标准并有合格证；剔除掉角、开裂、翘曲和遭受污染的产品；水泥出厂合格证书及性能检测报告完备，进场时核查品种、规格、强度等级、出厂日期等，并进行外观检查，做好进场验收记录。水泥进场后应对其凝结时间、安定性和抗压强度进行复验。水泥出厂超过 3 个月时应按试验结果使用；界面剂等辅料符合规范要求。

（2）查验前期工序

准备工序：上层地面及顶棚、墙面抹灰施工完成；室内门框、地面预埋件、暗敷管线等安装完毕，立管、套管及孔洞周边已浇筑密实、堵严，并检查合格。

吸水率较大的地砖，使用前应在干净水中浸泡 2 小时，捞出擦净水后阴干备用。吸水率 1% 以下的瓷质砖可不浸水。

对于复杂的地砖地面工程，应绘制施工大样并做出样板间，经设计单位、甲方、施工部门协商同意后，方可正式施工。

2. 施工准备

（1）处理基层

冲洗扫净基层表面的尘土、油泥污垢等；检查原楼地面质量情况，如存在松散、脱层、起翘、裂缝等缺陷，应剔除干净后做补强处理；基层地面已抹光的，需要做拉毛处理。

（2）弹线排砖

使用水平仪在墙体四周弹出相对标高控制线。

在图纸设计要求的基础上，对地砖色彩、纹理、表面平整等进行严格的挑选后，按照图纸要求预铺试拼。对预铺中出现的尺寸、色彩误差等进行调整、交换，直至达到最佳效果，按铺贴编号顺序将地砖堆放整齐备用。

避免缝中正对大门，影响整体美观；若设计有波打线，则以深色为主。

3. 施工工艺

（1）铺贴方向

铺室内地砖有多种方法，独立小房间可以从里边的一个角开始。相连的两个房间，应从相连的门中间开始。通常情况是从门口开始，纵向先铺几行砖，找标准，标砖高应与房间四周墙上砖面控制线齐平，从里向外退着铺砖，每块砖必须与线找平。两间相通的房间，则从两个房间相通的门口画一中心线贯通两间房，再在中心线上先铺一行砖，以此为准，然后向两边铺贴。

（2）湿铺法

湿铺法适用于铺设尺寸较小的地砖，价格适中，但需预留一定的砖缝，避免因膨胀收缩造成瓷砖崩瓷的现象。具体步骤如下。

①浇水润湿基层，刷界面剂；面积控制在能够边铺砖边浇灰的范围内。

②砖背面抹满、抹匀 1∶2.5 或 1∶2 的黏结砂浆，厚度为 10～15 mm，砂浆应随拌随用，以防干结，影响黏结效果。水泥中加入适量 107 胶（需经试验确定加入量）可以增加黏结强度。

③将抹好砂浆的地砖准确地铺贴在浇好素水泥浆的找平层上，与控制线找平，注意保持横平竖直。

④检查砖面平整度，用橡皮锤敲实、找平，排除多余的砂浆与空气，不实处或低于水平控制线的要抠出后补浆重贴，再压平敲实。

湿铺法施工如图 2-5 所示。

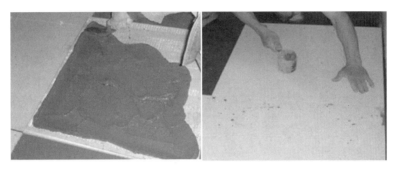

图 2-5

（3）干铺法

干铺法：使用干硬性水泥砂浆，水分较少，不易出现气泡、空鼓现象，适合大尺寸地砖。干铺法砂浆层厚度较大，施工技术要求高，费用比湿铺法高。具体步骤如下。

①地面清扫、洒水充分湿润以防止空鼓，涂刷界面剂一道。

②使用干硬性水泥砂浆摊铺、刮平。干硬性水泥砂浆是坍落度比较低的水泥砂浆，水泥和砂子的体积比为 1∶3 ～ 1∶4，再加少量水搅拌均匀配置而成。砂浆干湿适度，以一米高处松手自由落在地上散开呈粒状，即"手握成团，落地开花"为准。

③将地砖铺在砂浆上，用橡皮锤轻轻敲打，与第一块基准砖平齐。

④可掀起地砖观察，如有欠浆或不平整之处，需补充砂浆填实。地砖背面需涂抹纯水泥浆，覆盖在之前位置，用橡皮锤均匀敲击。

⑤用水平尺、调平器等调整与水平线及相邻地砖的水平度及缝隙大小。可用刮刀在两砖之间纵向划拉，检查两砖是否平齐。用刮刀从砖缝中间划一道，保证砖之间有均匀的缝隙，防止热胀冷缩对砖造成损坏。

干铺法施工如图 2-6 所示。

图 2-6

（4）清理勾缝

地砖铺贴完成后，应立即清理砖表面的灰尘和砂浆，做到随铺随清，防止砂浆在砖表面黏结。

待地砖固定后，按需进行勾缝或美缝处理。清理砖缝中的灰尘杂质，将勾缝剂挤压填充至砖缝中，填充要饱满，勾缝后及时清理砖面的勾缝材料。

（5）检查养护

铺贴后24 h内及时检查，若有平整度问题或空鼓现象及时返工撤换，否则水泥砂浆凝结后会增加返工难度（图2-7）。

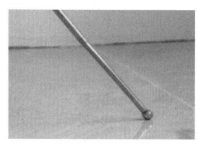

图2-7

地砖敷设完毕后，必须覆膜进行保护，以防后续施工对地砖造成污损。

常温下养护不少于7天，保证水泥砂浆强度达标，减小空鼓概率。

养护期间不得上人，直至达到强度要求，以免影响铺贴质量。

四、构造图示

地砖构造如图2-8所示。

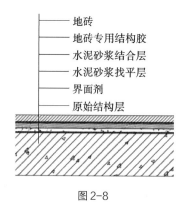

图2-8

【教学分析】

教学总结
教学过程
教学方法
教学开展

【学习梳理】

提纲		内容与图例	总结 （知识 / 技能 / 职业 / 思想）
地面 构造	要求		
	层次		
材料及 工具			
施工 条件			
施工 准备			
施工 工艺			

【实践实训】

1.线上线下搜集图像资料或实地参观，编辑形成电子版地砖市场调研报告。

名称	品牌	常用规格	单价	图例	适用空间

2.根据规定空间平面图框架图，绘制地砖铺装图。

【学习评价】

序号	考核方向	内容	分值100	赋分
1	知识考核	讨论问答，学习习惯得到改善。发言积极加1～5分	15分	
2	能力考核	任务完成质量，相关知识技能综合应用效果	35分	
3	过程考核	内容完成度	30分	
4	素质考核	考勤纪律，学习状态，对待调整、修改要求的认真程度	10分	
5	思政考核	学习主动性，职业认知	10分	

任务2　木地板装饰构造

【任务描述】

木地面是室内空间中常见的地面铺贴类型。了解木地板种类与特点，熟悉铺装工艺与流程，绘制对应CAD构造图，为今后实施家装工程项目提供支持。

理解室内设计与施工项目是一项系统工程，必须具备团队合作精神与职业素养，保证所有实施环节的质量，才能使工程顺利完成。

【任务实施】

1.通过考察木地板材料市场，记录材料相关信息数据。

2.学习木地面铺设工艺流程。体会每一道施工步骤对后期工序的影响,理解职业精神的实际意义。

3. 结合具体设计方案绘制木地面 CAD 构造图。

【任务学习】

一、材料及工具

木地板铺贴材料及工具如表 2-3 所示。

表 2-3　木地板铺贴材料及工具

分类	特性	参考图例
木地板	实木地板：由木材加工烘干而成，安全环保，价格相对偏高	
	实木复合地板：由不同树种板材混合压制而成，尺寸稳定，不易变形，厚度在 15 mm 以上	
	强化复合木地板：由原木粉碎后添加胶水、防腐剂等，经高温压制而成，耐磨。建议选择环保等级高、厚度在 12 mm 以上的品种。不宜用于地暖	
辅助材料	防潮地垫、木龙骨、钢钉等	
常用机具	电锯、手锯、电刨、磨机、墨斗、钢卷尺、角尺、橡皮锤、螺丝刀、钳子、扁凿、钢锯等	

二、施工准备

1. 基层找平

采用水泥砂浆找平或自流平水泥找平。结合客厅地面、卫生间地面的铺装高度统筹考虑，以便找平层统一。应确保完成后的地面不起砂、不空裂、干净、干燥、平整。

2. 材料与施工条件

①前期工序完成并验收合格。

②木地板质量合格，品种、规格、数量等符合设计要求。所有木地板运到施工安装现场后，应拆包在室内存放一周以上，使木地板与室内温度、湿度相适应；木地板安装前应进行挑选，将有轻微缺陷但不影响使用的摆放在床、柜等家具底部。

③木龙骨或毛地板等辅料使用松木、杉木等不易变形的树种，做防腐处理，保证含水率合格。

④施工环境保证干燥、洁净，室内温度、湿度需保持稳定，避免在大雨、阴雨等气候条件下施工。同一房间的木地板应一次性铺装完成，及时做好成品保护，防止油渍、果汁等污染木地板表面。

三、施工流程与工艺

1. 悬浮式木地面

（1）施工流程与工艺

悬浮式铺装适用于材料稳定性强的实木复合地板及强化复合地板。具体施工流程与工艺如下。

①铺设防潮垫，避免木地板受潮。防潮层应铺平、接缝并拢。

②从房间一角开始铺设木地板。铺装地板的走向通常与房间行走方向一致，自左向右或自右向左逐排依次铺装，凹槽向墙，地板与墙之间放入木楔。木地板与墙角预留10 mm缝隙，以免木地板热胀冷缩（图2-9）。干燥地区、地板又偏湿的情况下，伸缩缝应留小；潮湿地区的伸缩缝应适当留大。

③榫接错缝铺贴。先取一块地板，与地面保持30°～45°，将榫舌贴近上一块地板的榫槽；待地板贴紧后轻轻放下；用羊角锤和小木块沿着地板边缘敲打，使地板拼接紧密；如果敲打后地板仍出现翘起，可在地板表面靠近边缘处敲打。

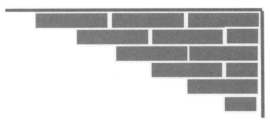

图2-9

④边角材料打磨切割。最后一排地板要通过测量其宽度进行切割、拼装，并用拉钩或螺旋钉使之严密。

⑤安装踢脚板。选购踢脚板的厚度应大于1.2 cm。安装时地板伸缩缝间隙在5～12 mm，必须将伸缩缝盖住，并用聚苯板或弹性体填补空隙，以防地板松动（图2-10）。

73

图 2-10

（2）构造图示

悬浮式木地面构造如图 2-11 所示。

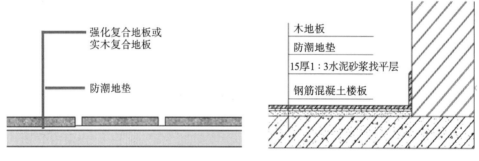

图 2-11

2. 龙骨式木地面

（1）施工流程与工艺

龙骨式铺装适用于实木复合地板及实木地板。具体施工流程与工艺如下。

①安装木龙骨。地面弹线，做预埋件固定木龙骨，木龙骨间距一般为 400 mm。预埋件为螺栓及铅丝，从地面钻孔。

②龙骨间可填充轻质材料，以减低人行走时的空鼓声，且龙骨与地面间也可起到保温隔热作用。

③龙骨上敷设防潮地垫，保证铺平、接缝并拢。

④榫接错缝铺贴木地板。踢脚线压木地板，以及地板与墙之间的缝隙。

（2）构造图示

龙骨式木地面构造如图 2-12 所示。

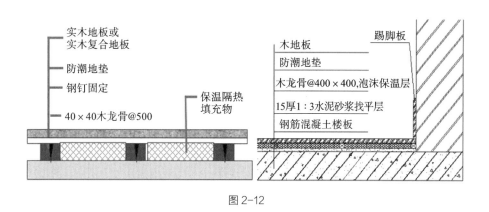

图 2-12

3. 毛地板式木地面

（1）施工流程与工艺

毛地板式铺装适用于实木复合地板及实木地板。较一般木地面而言，毛地板式木地面整体性和防潮能力增强，脚感更加舒适、柔软，但损耗较多，成本更高。

毛地板式木地面较龙骨式木地面增加了一层毛地板，其他施工流程相同。具体施工步骤如下：安装固定龙骨→上铺毛地板→固定毛地板与龙骨→毛地板上铺钉木地板。

（2）构造图示

毛地板式地面构造如图 2-13 所示。

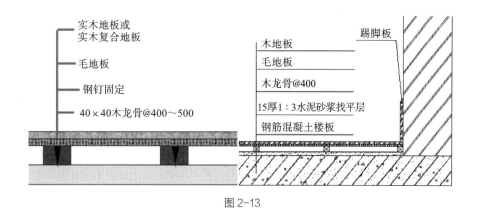

图 2-13

四、地面衔接收口

1. 平压条

平压条用于相同高度的两部分地面衔接，可以遮盖不同材质的地面缝隙，或相同材质但不同空间的地面缝隙，是最常用的一种压条（图 2-14）。

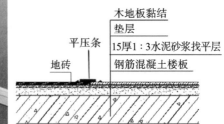

图 2-14

2. T 字压条

T 字压条主要通过 T 字形压边条过渡材质。若存在 5 mm 以内的高差，用带坡压条衔接。

3. 高低扣

高低扣用于解决高差稍大的衔接位置，类似于平接口下多安装一个龙骨。

4. 门槛石

门槛石的材料种类较多，常见的有大理石、马赛克、瓷砖等（图 2-15）。

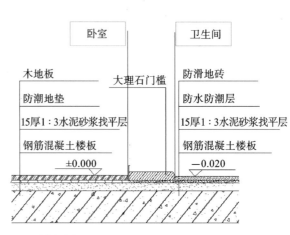

图 2-15

【教学分析】

教学总结
教学过程
教学方法
教学开展

【学习梳理】

提纲	内容与图例	总结（知识 / 技能 / 职业 / 思想）
施工准备		
悬浮式木地面		
龙骨式木地面		
毛地板式木地面		

【实践实训】

　　1.市场调研木地板，归类记录，可形成电子文档。

类型	品牌	材料特点	常用规格	单价	图例	适用场所
实木地板						
实木复合地板						
强化复合木地板						

2.根据具体设计方案,结合施工工艺、流程及构造图示,绘制木地面不同铺设方式的CAD构造图。

【学习评价】

序号	考核方向	内容	分值100	赋分
1	知识考核	讨论问答,学习习惯得到改善。发言积极加1~5分	15分	
2	能力考核	任务完成质量,相关知识技能综合应用效果	35分	
3	过程考核	内容完成度	30分	
4	素质考核	考勤纪律,学习状态,对待调整、修改要求的认真程度	10分	
5	思政考核	学习主动性,职业认知	10分	

模块 3
墙面工程

【模块导图】

　　室内墙面在建筑物中起承重、分隔空间的作用，是室内面积最大的部位。其装饰效果对空间整体的安全使用、美观均会产生重大的影响。

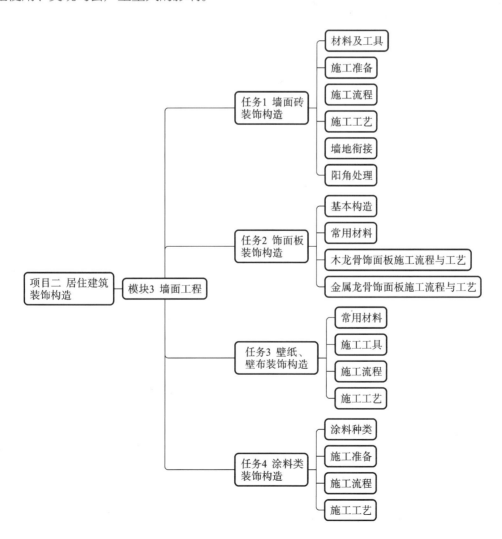

任务1　墙面砖装饰构造

【任务描述】

掌握墙面砖种类与材质特点，能够结合相应设计方案或客户需求，合理选择墙面砖；学习墙面砖铺贴流程与施工工艺要求；注意墙地面衔接及阳角处理等细部构造设计与施工工艺；培养认真负责、精益求精的职业素养。

【任务实施】

1. 通过调研材料市场，了解墙面砖种类、特点、价位等信息。

2. 掌握墙面砖铺贴流程与施工工艺。

3. 绘制墙面砖预铺图及相关构造图。

【任务学习】

一、材料及工具

墙面砖铺贴材料及工具如表2-4所示。

表2-4　墙面砖铺贴材料及工具

分类	作用及规格	参考图例
墙面砖	包括釉面砖、马赛克、抛光砖等，结构紧密、耐酸碱、易施工维护、装饰效果好。常用规格为 300 mm×600 mm、400 mm×800 mm、600 mm×600 mm、900 mm×1800 mm、750 mm×1500 mm	
硅酸盐系水泥	PC32.5 或 42.5 普通硅酸盐水泥。硬化后强度较高，干缩性较小，能抵抗淡水或含盐水的侵蚀	
中砂	细骨料，含泥量不得大于3%。符合《建筑砂浆基本性能试验方法标准》（JGJ/T 70-2009）的要求	
常用机具	抹子、灰铲、水平尺、靠尺板、橡皮锤、手提式切割机、木刮尺等	

二、施工准备

1. 材料检验

面砖品种、规格、尺寸、色泽等符合产品标准与设计规定，按尺寸、颜色进行选砖，并分类存放备用。

水泥出厂合格证书及性能检测报告完备，进场时核查品种、规格、强度等级、出厂日期等，并进行外观检查，做好进场验收记录。水泥进场后应对其凝结时间、安定性和抗压强度进行复验。当水泥出厂超过 3 个月时应按试验结果使用。

界面剂等辅料符合规范要求。

2. 施工条件

管、线、盒、燃气设备等预埋件应提前安装好，位置正确并验收合格。

墙面抹灰及有防水要求墙面的防水层、保护层施工完成并验收合格后，方可进行饰面砖施工。

安装好门窗框扇，应做好隐蔽部位的防腐、填嵌处理，框边缝所用嵌塞材料及密封材料符合设计要求，塞堵密实。

三、施工流程

墙面砖施工流程如下：基层处理 → 吊垂直、套方、找规矩 →弹线→ 排砖→浸砖→贴砖→ 勾缝、擦缝→养护保护。具体如图 2-16 所示。

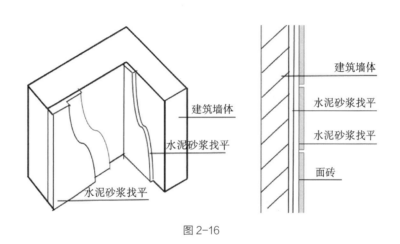

图 2-16

四、施工工艺

1. 基层处理

（1）混凝土墙基层处理

清除表面油污、灰尘，凹凸不平处刷水湿润后，局部用水泥砂浆勾抹平整。采用水泥细砂浆掺界面剂进行"毛化处理"，即用内掺界面剂的水泥细砂浆喷甩在墙上，甩点均匀，终凝后浇水养护，直至水泥砂浆有较高的强度（用手掰不动）为止。

（2）砌块墙基层处理

对凹凸不平、灰浆不饱满处的砌缝及梁板下的顶头缝，或剔凿，或用聚合物水泥砂浆整修密实、平顺。

（3）砖墙基层处理

将墙面清理干净，直接使用水泥砂浆进行找平。

不同材料墙体交接部位的抹灰，采用加强网进行防开裂处理，加强网与两侧墙体的搭接宽度不小于 100 mm。

2. 弹线

施工前在墙体四周弹出标高控制线，对墙面吊垂直、套方、找规矩。在门窗洞口处按照弹出的墙面排砖控制线，检验墙面垂直度，如不能满足要求，则需进行修补、调整，合格后方可施工。

3. 排砖

依据图纸设计要求，对墙面砖的色彩、纹理、表面平整度进行挑选，依据现场弹出的控制线对墙面进行横竖向排砖。

门边、窗边、镜边、阳角边宜排整砖，非整砖行宽度不宜小于原砖长的1/3，且应排在非正视面的次要部位，如门窗上或阴角不明显处等。小于原砖长的1/3时，要用两块砖来分割。

注意保证整个墙面的一致和对称。应考虑开关、插座的位置，用整砖套割吻合，不得用非整砖随意拼凑镶贴。对预排中出现的尺寸、色彩、纹理等问题进行调整，直至达到最佳效果。

4. 浸砖

釉面砖等需清扫干净，放入净水中浸泡。吸水率高的砖材需要浸泡2小时以上，吸水率低的浸泡半小时，取出阴干后方可使用。

5. 贴砖

清理润湿墙面，并在施工过程中保持墙面湿润。

面砖为自下向上镶贴，从最下一层砖下口的位置做好靠尺，以此托住第一批面砖。在面砖外皮上口拉水平通线作为镶贴的标准。墙左右镶贴两行控制砖，之后拉控制线镶贴大面。

墙面抹水泥砂浆黏结层，拉毛，砖背面抹瓷砖背胶或水泥砂浆。随抹随贴，砂浆要饱满，不得有空鼓现象。亏灰时取下重贴，并随时用靠尺检查平整度。用铁抹子将缝拨直，调整过程中注意不得损坏砖面。建议留不小于1 mm的缝隙，且横竖缝隙宽度一致。

橡皮锤敲实、找平，检查砖面平整度，不实的需要及时抠出补浆重贴，再压平敲实。镶贴好的砖要按上十字卡，保证瓷砖缝隙一致。

贴砖工艺流程如图2-17所示。

图2-17

6. 勾缝养护

面砖贴完经自检，无空鼓且垂直平整度符合要求后，用棉纱擦干净，清理砖缝间砂浆（图2-18）。待达到一定强度后，用勾缝剂勾缝，先勾水平缝，后勾竖缝。

饰面砖粘贴完成后，常温下养护3 d。在养护期应防止墙面受到振动、撞击、水冲及表面污染。

墙砖清理干净后,采用薄膜覆盖防止污染,对阳角用保护条保护,防止阳角被碰坏。粘贴水电路标识线,防止水电线路受损。

图2-18

五、墙地衔接

1. 地压墙

地压墙的优点是施工省时省力,缺点是不利于防水,墙地砖之间会留下竖直的"朝天缝",墙面水会顺着缝隙渗透到水泥砂浆层,而且地面防水层老化后容易发生渗水漏水或者滋生细菌等情况,现使用较少(图2-19)。

图2-19

2. 墙压地

如图2-20所示,墙压地施工顺序为①→②→③,空出最下面一排弹线标记,从第二排开始贴墙砖,然后再贴地砖,等墙地砖都凝结后再贴最下面一排墙砖,压在地砖上。

这种施工方式的优点是防水效果更好,墙面流下的水可以直接顺着地面坡度流向地漏排出。缺点是施工工艺要求高,墙砖从第二排铺起,铺装时需要悬空弹线找平,并且容易在粘牢前脱落。且卫生间地面需要有一定坡度,使得每块最下面的墙砖都要根据地形切割,施工难度较高,费时费力。

通常地压墙一天能完成镶贴,墙压地需要双倍时间。

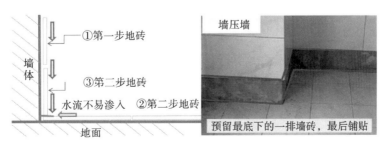

图2-20

六、阳角处理

1.加阳角条

加阳角条的优点是施工简单、省时省力，弧度使人更有安全感，材质、色彩多（图2-21）。缺点是与墙砖不好搭配，容易老化，后续会出现脱落等问题。

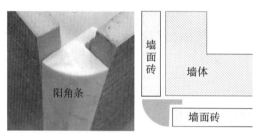

图2-21

2.直接对接

（1）拼角

拼角是将两块砖交接的侧面磨成45°（实际上30°左右，留下的缝隙用黏结剂填补），成V字形，再把对角拼接上（图2-22）。优点是更加美观，没有其他材质的装饰，后期做美缝会更美观。缺点是装修费用会增加不少，容易出现崩边现象，对切割工艺技术要求高。

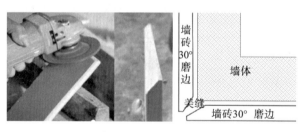

图2-22

（2）海棠角

海棠角是将两块砖边缘打磨成45°角，但不会打磨到底，会预留2～3 mm的侧边（图2-23）。磨边处理要更"圆润"，锐度降低，更安全。海棠角的优点是更美观，其侧边口立体感更强，后期通过美缝美化，可以有效减少"崩瓷"现象。缺点是工艺技术要求更高，成本会比做倒角高。

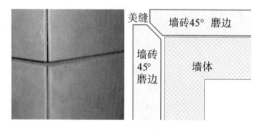

图2-23

【教学分析】

教学总结
教学过程
教学方法
教学开展

【学习梳理】

提纲		内容与图例	总结（知识／技能／职业／思想）
材料及工具	墙面砖		
	硅酸盐系水泥		
	中砂		
	常用机具		
施工准备	材料检验	面砖	
		水泥及辅料	
	施工条件		
施工流程			
施工工艺	基层处理		
	弹线		
	排砖		
	浸砖		
	贴砖		
	勾缝养护		
墙地衔接	地压墙		
	墙压地		
阳角处理	加阳角条		
	直接对接		

【实践实训】

1.线上或线下材料市场搜集图像，编辑形成电子版墙面砖市场调研报告。可分组进行。

名称 / 品牌	材质	常用规格	单价	图例	备注

2.根据规定的厨卫立面图，绘制排砖图。

【学习评价】

序号	考核方向	内容	分值100	赋分
1	知识考核	讨论问答，学习习惯得到改善。发言积极加 1 ~ 5 分	15 分	
2	能力考核	任务完成质量，相关知识技能综合应用效果	35 分	
3	过程考核	内容完成度	30 分	
4	素质考核	考勤纪律，学习状态，对待调整、修改要求的认真程度	10 分	
5	思政考核	学习主动性，职业认知	10 分	

任务 2　饰面板装饰构造

【任务描述】

掌握面板种类与材质特点，熟悉构造方式、种类与特点；能够根据设计方案或客户需求，合理选择面板与构造方式；学习不同龙骨与面板结合的施工流程与施工工艺要求，注意细部构造设计与施工工艺；培养认真负责、精益求精的职业素养。

【任务实施】

1.通过调研材料市场，了解不同面板的种类、特点、价位等信息。

2. 掌握不同龙骨与面板的施工流程与施工工艺。

3. 绘制相关构造图。

【任务学习】

一、基本构造

饰面板墙面构造由墙体连接埋件、龙骨、基层板以及饰面板等组成，具体构造层次可依据具体设计方案进行调整（图2-24）。

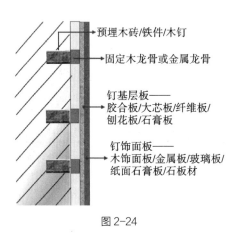

图2-24

图中标注：
- 预埋木砖/铁件/木钉
- 固定木龙骨或金属龙骨
- 钉基层板——胶合板/大芯板/纤维板/刨花板/石膏板
- 钉饰面板——木饰面板/金属板/玻璃板/纸面石膏板/石板材

二、常用材料

饰面板常用材料如表2-5所示。

表2-5　饰面板常用材料

构造层次	特性及作用	图例
埋件	预先在墙体砌筑或混凝土结构浇筑时安装的构配件，用于墙面装饰工程构件的安装固定，多由钢板和钢筋制造。也可以后期在墙体中钉入膨胀螺栓、木钉、塑料等	
骨架	木龙骨：常用龙骨材料，易于造型、安装连接，但不防潮、易变形、易燃，采用时应涂刷防火涂料	
	金属龙骨：分为轻钢龙骨、铝合金龙骨及型钢龙骨，硬度高、强度好、施工简便、防水、防火等，承重能力依次递增	
基层板	胶合板：由三层或更多层单板干燥、涂胶后压制而成。常用九合板俗称九厘板，规格为1220 mm×2440 mm	

续表

构造层次	特性及作用	图例
基层板	细木工板（大芯板）：由两片单板中间粘压拼接木板而成。其竖向（以芯材走向区分）抗弯强度低，横向抗弯强度高	
	刨花板：由木屑等加入胶水和添加剂制成。保温、隔声性能好，表面平整，利于贴面，价格便宜，横向承重能力差	
	欧松板：定向结构刨花板。整体均匀性好，内部强度高。甲醛释放量符合欧标E1。重量轻，防潮，易加工。表面平整，光滑度较差	
	纤维板：密度板，以木质纤维等为原料，加胶黏剂制成。材质均匀、纵横强度差小、不易开裂，易加工，但耐水性差	
	石膏板：以建筑石膏为主要原料制成。重量轻、强度高、隔热、隔声、不燃，易加工，价格便宜，但耐水性差	
饰面板	木饰面板：以胶合板为基础，表面贴各种天然及人造板材贴面。具有木材自然纹理和色泽	
	金属薄板饰面：采用铝、铜、铝合金、不锈钢等轻金属，表面进行烤漆、喷漆、镀锌等处理	
	玻璃饰面：镜面、茶色烤漆玻璃或钢化玻璃	
	陶瓷岩板：韧性较好、可塑性较强、耐高温、耐腐蚀、耐渗透、耐刮擦	
	长城板：由PVC（聚氯乙烯）塑料及木粉、填充料（碳酸钙）加上发泡剂、稳定剂等功能助剂制成。因其横截面纹理像长城，故得名"长城板"。色彩多样，表面质感丰富，绿色环保，产品稳定性强，价格便宜	

三、木龙骨饰面板施工流程与工艺

1. 施工准备

（1）主要材料及配件

进行防火防潮处理的木龙骨，细木工板、欧松板等基层板，木饰面板、玻璃板等饰面板。所有龙骨、板材等均应符合国家行业标准及设计方案的要求。

（2）机具、工具

电锯、台刨、手电钻、电动气泵、冲击钻、木刨、锯、斧、锤、螺丝刀、直钉枪等。

2. 施工流程

基层处理→定位弹线→木龙骨制作安装→基层板制作安装→饰面板安装→修边封口等。

3. 施工工艺

（1）基层处理

清扫墙面，不平整处需用腻子找平。确保墙面基层光滑平整、无颗粒物，保障施工安装时的稳定性以及牢固度。

（2）定位弹线

根据设计要求，确定标高、平面位置、竖向尺寸后，按木龙骨间距弹出分格线。核查预埋件及洞口，包括预埋件排列间距、尺寸、位置等需符合设计安装要求，门窗洞口框边应设单独立筋固定点。具体如图 2-25 所示。

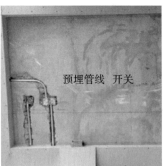

图 2-25

（3）龙骨安装

木龙骨表面均匀涂刷防火涂料，使整根龙骨都见白，再钉在墙上，保证其与墙壁接触处也刷到防火涂料。

一般横龙骨间距为 400 mm，竖龙骨间距为 500 mm。如面板厚 15 mm 以上，横龙骨间距可扩大至 450 mm。木龙骨与墙面缝隙可用木片或木楔垫实，再将木龙骨与木楔钉牢固。

木龙骨安装可在地面上先行拼装骨架。若墙身面积不大，可一次拼成后，再安装固定在墙面上；若墙身面积较大，可分片拼装固定，拼装框体间距通常为 300 ~ 400 mm。

也可直接钉装木龙骨。在墙面弹线交叉点处钻孔，孔中打入木楔。按设计要求钉装四角和上下槛龙骨。墙（柱）边立筋对准墨线钉牢，上下槛对准边线就位，两端顶于墙边立筋钉牢。依次在上下槛之间撑立立筋，分别与上下槛钉牢，立筋间钉横撑，同一行横撑保持在同一水平线上（图2-26）。

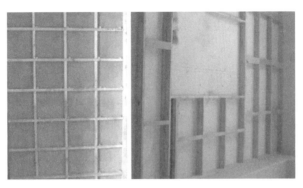

图2-26

（4）基层板安装

基层板依饰面板材料确定是否设置。可挑选胶合板、石膏板等基层板，将板正面四边刨出宽度在3 mm左右的45°倒角。把基层板固定于木龙骨上，布钉要均匀（图2-27）。

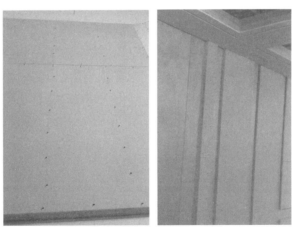

图2-27

（5）饰面板安装

检查龙骨位置、平直度、牢固情况、防潮层等构造，合格后进行安装。

饰面板尺寸、拼接处处理、纹理、色彩等符合设计要求。在基层板表面和饰面板背面涂刷万能胶或乳胶等黏结剂，稍干后按压贴合（图2-28）。

若无龙骨，饰面板也可直接涂胶与基层板钉牢（图2-29）。

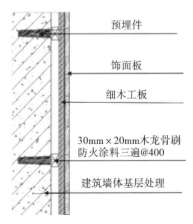

预埋件

饰面板

细木工板

30mm×20mm木龙骨刷
防火涂料三遍@400

建筑墙体基层处理

图2-28

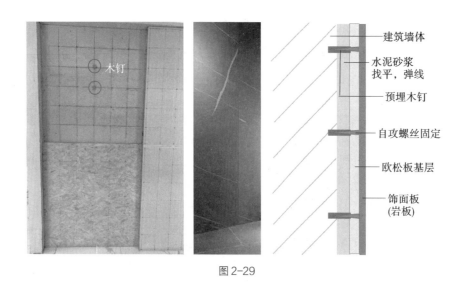

建筑墙体
水泥砂浆找平，弹线
预埋木钉
自攻螺丝固定
欧松板基层
饰面板（岩板）

图 2-29

玻璃面板固定时，在玻璃上钻孔后用镀铬螺钉、铜螺钉把玻璃固定在木龙骨或基层板上，用压条压住玻璃。安装时严禁锤击和撬动。

四、金属龙骨饰面板施工流程与工艺

1. 施工准备

（1）主要材料及配件

主件包括上下边龙骨、横竖向龙骨、加强龙骨。配件包括连接件、固定件、压条等。紧固材料包括射钉、膨胀螺栓、自攻螺丝、嵌缝料，以及按照设计要求选择的岩棉等填充材料与面板。所有主件、配件等均应符合国家行业标准及设计要求。

（2）机具、工具

电焊机、电动无齿锯、手电钻、螺丝、射钉、线坠、靠尺等。

2. 施工流程

基层处理与定位弹线→安装上下龙骨→安装竖向横撑、通贯龙骨→安装加固龙骨（固定基层板）→固定黏结面板→修边封口打胶。

3. 施工工艺

（1）基层处理与定位弹线

墙体抹灰等完成并验收合格。在墙体上下及两边处按龙骨规格弹出边线。按设计要求结合面板尺寸，弹出水平线与竖向垂直线，以确定竖向龙骨、横撑及附加龙骨位置。

（2）安装固定龙骨

按照弹线位置固定上下龙骨。视墙面造型尺寸与重量情况，上下龙骨可分别与顶面、地面连接固定。根据设计间距要求，安装竖向龙骨、横撑龙骨和加强龙骨，共同构成主要承重龙骨。

竖向龙骨间距为 400 ~ 600 mm。当墙面装修构造层重量较大或墙面较高时，龙骨间距应适当缩小。

（3）安装固定基层板面板

固定密度板、细木工板等基层板与金属龙骨，可以增强饰面板强度和抗冲击性。饰面板与基层板的安装通常采用粘贴、铆钉连接等方式固定（图2-30）。

饰面板安装完成后，对四周接口采用阴阳角线条进行收边处理，确保拼接花纹纹路一致，接口紧密牢固，无翘曲。

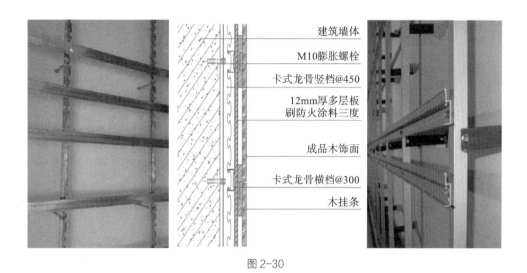

建筑墙体

M10膨胀螺栓

卡式龙骨竖档@450

12mm厚多层板
刷防火涂料三度

成品木饰面

卡式龙骨横档@300

木挂条

图2-30

【教学分析】

教学总结
教学过程
教学方法
教学开展

【学习梳理】

提纲			内容与图例	总结知识 / 技能 / 职业 / 思想
构造层次	埋件			
	骨架	木龙骨		
		金属龙骨		
	基层板	胶合板		
		细木工板（大芯板）		
		刨花板		
		欧松板		
		纤维板		
		石膏板		
	饰面板	木饰面板		
		金属薄板饰面		
		玻璃饰面		
		陶瓷岩板		
		长城板		
基本构造图示				

【实践实训】

结合现场施工项目，总结木龙骨饰面板、金属龙骨饰面板施工工艺，绘制构造图。

提纲		要求与图例	总结知识 / 技能 / 职业 / 思想
施工准备	材料		
	机具		
施工流程			
施工工艺	基层处理		
	定位弹线		
	龙骨安装		
	基层板安装		
	饰面板安装		
构造图			

【学习评价】

序号	考核方向	内容	分值100	赋分
1	知识考核	讨论问答，学习习惯得到改善。发言积极加 1 ~ 5 分	15 分	
2	能力考核	任务完成质量，相关知识技能综合应用效果	35 分	
3	过程考核	内容完成度	30 分	
4	素质考核	考勤纪律，学习状态，对待调整、修改要求的认真程度	10 分	
5	思政考核	学习主动性，职业认知	10 分	

任务 3　壁纸、壁布装饰构造

【任务描述】

了解、掌握壁纸、壁布等材料的种类与特点，掌握其构造方式；能够对应设计方案或客户需求，合理选择不同规格、品种的壁纸与构造方式；学习施工流程与施工工艺要求；注意细部构造设计与施工工艺，培养认真负责、精益求精的职业素养。

【任务实施】

1. 调研壁纸等材料市场，了解不同品种的特点、价位等信息。

2. 掌握施工流程与施工工艺。

【任务学习】

一、常用材料

1. 壁纸

常用壁纸种类如表 2-6 所示。

表 2-6　常用壁纸种类

种类	性能及特点	图例
纯纸壁纸	由纯天然纸浆纤维加工而成。环保、无异味、透气性好、防静电、不吸尘，但受纸张材质影响，容易产生接缝，耐擦洗性能差	

续表

种类	性能及特点	图例
无纺布壁纸	由棉、麻等天然植物纤维加工成型。环保、透气性强、稳定性好，有弹性、不易变形、耐擦洗、无异味。花色较单一，以纯色或浅色居多。有植绒、刺绣、砂岩、发泡等面层	
PVC壁纸	基材上覆盖一层聚氯乙烯树脂，经复合、压花、印花等工序形成。因基材、工艺不同分为普通型、发泡型、功能型。高发泡壁纸表面花纹凹凸，具有一定的吸声效果，玻璃纤维布基材可形成耐水壁纸，石棉纸基材可制成防火壁纸。其装饰效果好，使用寿命长，易清洁保养，施工简便	
绒面壁纸	纸基上使用静电植绒法黏结短纤维。图案立体、质感舒适、不反光、不褪色、绿色环保，耐磨抗菌。造价偏高，静电原因导致易吸尘，需经常清洗	
天然植物壁纸	用草、木材、树叶、羊毛等制成面层的墙纸，风格古朴自然，绿色环保，透气性能良好	
金属壁纸	将金、银、铜等金属，经特殊处理制成薄片贴饰于壁纸表面，比较华丽。常用于酒店、餐厅等空间，居住空间使用较少	
硅藻土壁纸	以硅藻土为原料制成，可消除甲醛、净化空气、调节湿度、释放负氧离子，具有防火阻燃、墙面自洁、杀菌除臭、健康环保等功能	

2. 壁布

常用壁布种类如表 2-7 所示。

表 2-7　常用壁布种类

种类	性能及特点	图例
提花壁布	以经线、纬线交错形成有凹凸花纹的织物，价格取决于颜色、花色、工艺的复杂程度	
印花壁布	在墙布原胚上使用热转印工艺，采用无污染染料印染图案。其中，数码印花因具备天然无缝的优势与极易实现所需花型、色彩而受到欢迎	
刺绣壁布	二次成型的壁布，是在印花壁布或提花壁布上，以刺绣工艺配合图案造型，形成的立体感强的高端壁布，价格较昂贵	

二、施工工具

卷尺、剪刀、裁刀、准心锤、抹布、海绵、毛刷、刮板、热风枪等。

三、施工流程

基层清扫→填补缝隙、刮腻子、打磨平整→涂刷防潮涂料→涂刷底胶→墙面弹线→壁纸、壁布与基层涂刷黏结剂→裁切、刷胶→上墙、裱贴、拼缝、搭接、对花→赶压气泡→擦净胶水→修整。

四、施工工艺

1. 基层处理

清理、平整基层。混凝土与抹灰基层在清扫干净后，先将表面裂缝、坑洼处用腻子找平，再满刮腻子，打磨平整；木基层应先刨平，无毛刺、外露钉头等，接缝、钉眼等用腻子补平后，再满刮腻子，打磨平整；石膏板基层接缝处先用嵌缝腻子处理，并用接缝带贴牢，再刮腻子，打磨平整。

平整后的基层涂刷底胶封闭，有油污处先打磨后封底。为防止墙纸、墙布受潮脱落，可均匀涂刷一层防潮涂料，自然干燥后方可施工。

2. 测量、裁剪

测量墙面长度与宽度。以墙面面积为基准，计算出需要的壁纸、壁布用量。铺贴高度为墙面顶部到踢脚线的位置，一般裁剪尺寸预留 100 mm 左右以备修边。有花纹的壁纸需考虑图案的对应性，裁剪长度依据图案重复单元长度适当增加。通常情况下墙面顶部横梁部位不铺贴效果更好。

裁剪时，根据壁纸花纹图案确定上、下方向，以踢脚线为起点进行测量并确定尺寸。将壁纸、壁布涂胶面朝上、花纹面朝下，用铅笔在涂胶面做相应标线记号后，按线裁剪，按序编号。裁剪完成后面朝内卷曲收起，防尘且方便施工，以免粘贴时混乱。

3. 调胶、刷胶

调胶：根据壁纸、壁布特点选择适宜胶黏剂，按照产品说明书进行调配。一般先在桶中按比例倒入适量水，然后缓缓加入胶粉，充分搅拌均匀，避免出现结块。

刷胶：壁纸、壁布背面刷胶，涂好后将涂胶面对折放置 5 分钟，使其软化即可铺贴。胶量以上墙后表面手感湿润又无多余胶水透出为宜。若刷胶不足会引起空鼓，过多则会渗透到壁纸、壁布表面。

4. 铺贴、对缝

铺贴壁纸时，借助水平仪在墙面弹出水平、垂直基准线。依基准线将第一幅墙纸按照一定顺序由上而下张贴，用刮板由上而下、由中间向四周轻轻刮平壁纸，挤出气泡与多余的胶液，使壁纸平整紧贴墙面。张贴第二幅壁纸时，应对准第一幅的花型图案。

对缝要保证图案花型顺序与完整，保证编织纹理顺序。壁纸、壁布边缘以保持刚好接触为宜，任何抵紧、重叠或疏离均会影响接缝效果。

5. 清洁、修边

裁掉上下两端多余墙纸，刀要锋利，以免产生毛边，随时用清洁湿毛巾或海绵蘸水将残留在表面的胶液完全擦干净，以免墙纸变黄。仔细检查是否有气泡，如有，则用针头放气或用针头注入胶水刮平。

电源开关及插座处贴法：将墙纸覆盖整个电源开关或插座，再沿电源开关或插座四周将多余墙纸切除，清除多余胶液。

6. 养护、成品保护

施工时及施工后两天内关闭门窗，禁止使用空调、烘干机，让壁纸、壁布自然干透。否则容易因壁纸、壁布急剧干燥、收缩不均匀而出现翘边、接缝处开裂等现象。三天后，白天打开门窗通风，晚上关闭门窗，避免潮气进入影响粘贴牢固度。

壁纸、壁布施工完成后，应注意成品保护，防止出现硬物碰撞、划伤及污染等现象。

【**教学分析**】

教学总结
教学过程
教学方法
教学开展

【学习梳理】

提纲		内容与图例			总结知识/技能/职业/思想
常用材料	种类	特点图例		价位	
	壁纸				
	壁布				
施工工具					
施工流程					
施工工艺	基层处理				
	测量、裁剪				
	调胶、刷胶				
	铺贴、对缝				
	清洁、修边				
	养护、成品保护				

【实践实训】

　　对应任务梳理内容，调研壁纸、壁布材料市场，了解现有常用类型、价位等信息。参观现场施工并记录总结。可分组进行。

【学习评价】

序号	考核方向	内容	分值100	赋分
1	知识考核	讨论问答，学习习惯得到改善。发言积极加 1～5 分	15分	
2	能力考核	任务完成质量，相关知识技能综合应用效果	35分	
3	过程考核	内容完成度	30分	
4	素质考核	考勤纪律，学习状态，对待调整、修改要求的认真程度	10分	
5	思政考核	学习主动性，职业认知	10分	

任务 4　涂料类装饰构造

【任务描述】

涂料是涂布于物体表面能形成薄膜，能够起到保护、装饰或其他特殊功能（绝缘、防锈、防霉、耐热等）作用的液体或固体材料。了解、掌握各种涂料的特点，能够根据客户需求，合理选择不同类型的涂料；学习涂料施工流程与施工工艺要求；注意工艺细节，培养认真负责、精益求精的职业素养。

【任务实施】

1. 调研涂料市场，了解不同品种的特点、价位等信息。

2. 掌握施工流程与施工工艺。

【任务学习】

一、涂料种类

涂料种类及特点如表 2-8 所示。

表 2-8　涂料种类及特点

种类	特点
乳胶漆	色彩柔和明快，附着力强，透气性好，易干燥，易清洗维护。操作简便，易于施工。但含甲醛等有刺激性气体，加入有机溶剂会增加 VOC 含量，降低涂料的环保性
仿瓷涂料	耐磨、耐老化、无毒、硬度高、附着力强。涂层丰满细腻、坚硬、光亮，胜似陶瓷。施工方便，常温下可自然干燥。但工艺繁杂，施工技术要求较高，耐温、耐擦洗性差，容易变色
多彩涂料	色彩丰富，装饰性强。无异味、无污染、防水、防磨、不起泡、不脱落。有自净效果，耐擦洗。施工工期短。但花纹色彩变化单一，选择性少
液体壁纸	图案美观、光泽度高，不同工艺可产生丰富的质感纹理和明暗过渡的效果。无毒无味、绿色环保、耐水性和耐酸碱性强、不褪色、不起皮、不开裂。使用寿命很长。但造价相对较高，施工难度较大，施工周期较长
硅藻泥	天然环保。能够吸附、分解甲醛，去除异味及病菌，净化空气，调节湿度。不翘边、不脱落、不褪色、耐氧化，自洁墙面。吸音降噪、隔热节能、防火阻燃。使用寿命长。但价格较高，花色单调，耐水性差，硬度不足

二、施工准备

施工基层达到相关要求。

涂料开罐后充分搅拌均匀。稀释比例不能超过 25%，切勿过量。已稀释的涂料不能倒回原包装，应尽快用完已开罐的产品。选用优质工具，使用前润湿、清洗，使用后及时清洗。

施工时避免让漆刷或刷辊沾上过时、已失效的涂料。施工环境保持通风良好，可加快工程进度。涂刷第二遍面漆需待第一遍面漆干透。

避免在潮湿或寒冷的天气（气温低于5℃，相对湿度大于85%的情况下）施工，以保证成膜良好。通常保养时间为7天（25℃），低温时保养时间应适当延长。低温将引起乳胶漆的漆膜粉化开裂等问题，环境湿度大会使漆膜长时间不干，并最终导致成膜不良。

三、施工流程

基层处理→刷封底液→刮腻子→打磨→刷第一遍涂料→刷第二遍涂料。

四、施工工艺

1. 基层处理

（1）基层要求

①涂料涂装面必须保证干燥、牢固、清洁，否则会影响漆膜成型效果。

②干燥。要求水泥砂浆等墙面湿度低于6%，木材表面湿度低于10%，墙面无渗水、无裂缝等问题。

③牢固。要求无松动、起皮等现象。

④清洁。要求无油污、霉菌及其他黏附物。

（2）处理方式

涂料施工基层处理如表2-9所示。

表2-9　涂料施工基层处理

基层情况	处理方式
水泥砂浆等新墙面	湿度<6%（可使用湿度计测试），清除浮灰、污迹及渗出的碱分
尘土、粉末	湿布擦净
油脂	中性洗涤剂清洗
灰浆	用铲、刮刀等除去
霉菌	漂白剂擦洗，清水漂洗晾干
旧漆膜	高压水冲洗，或用刮刀刮除、机械打磨
潮湿	加强通风，延长干燥时间
裂缝、孔洞	刮掉周边疏松部分，可用水泥砂浆或聚合物水泥砂浆修补，较大、较深处可分次批嵌后打磨平整
钉子锈蚀	剔除锈迹，磨光钉头并敲没于表面，点涂防锈底漆后磨光
旧墙纸面	撕掉墙纸，洗去胶水，晾干后根据墙面状况适当处理
木材	表面去除或更换磨损、腐烂部分，清洁修补表面，门窗与墙面结合处要用弹性好的填料嵌补
铁类金属表面	去除表面锈斑，清理干净后马上涂刷相应防锈底漆
非铁类金属表面	去除表面油污、氧化层等，且涂刷相应增加附着力的底漆
墙面较平整	薄批腻子

2. 刮腻子、打磨

将腻子粉加水搅拌均匀后使用，基层涂刷一道封底漆进行封底处理（图 2-31）。

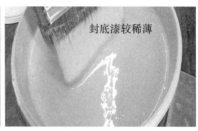

涂刷封底漆　　　　　　封底漆较稀薄

图 2-31

横竖向往返满刮腻子两遍，即第一遍腻子横向刮，第二遍腻子竖向刮（图 2-32）。每道腻子干燥后用砂纸打磨平整，擦净浮尘。

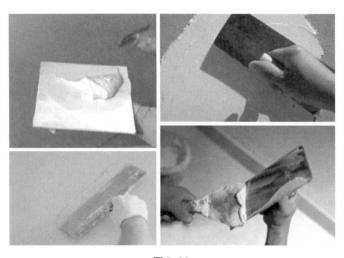

图 2-32

3. 乳胶漆面层

（1）施工工具

分色纸、牛皮纸、滚筒、笔刷、油灰刀、砂纸、喷枪、墨斗弹线、纤维网等。

（2）施工工艺

①施工环境。施工现场温度应高于 10 ℃，避开雨天。打扫、清理干净室内沙尘、木屑、泡沫塑料颗粒等，在门窗、地面上覆盖保护膜。

②搅拌均匀。施工前将乳胶漆按照说明书要求比例稀释，搅拌均匀。尤其是彩色乳胶漆，如搅拌不均匀导致涂料中色浆分散不匀或长时间储存后色浆析出，施工就会出现饰面发花的现象，影响装饰效果。

③施工方法。乳胶漆施工方法主要有刷涂、滚涂和喷涂三种，对应工具有刷子、滚筒、喷枪。刷涂法最简单省料，适用范围广，但效率低。如操作不熟练，会导致漆膜有刷痕、流柱、不匀等现

象；滚涂法适用于大面积施工，效率较高；喷涂法适合高明度涂料，可以避免涂刷过程中留下痕迹，产生颜色不均匀的现象。

④涂刷底漆。使用底漆能够使底材疏松度均匀，提高面漆涂布率及漆膜丰满度，使颜色饱满、更有质感。而且底漆价格低，可以节省面漆，节约成本，修补边角与墙面坑洼、裂缝等问题。

⑤涂刷遍数。乳胶漆通常刷一遍底漆、两遍面漆即可，深色漆可多刷几遍。掉漆现象通常是由腻子受潮疏松引起的，与涂刷遍数无关。

⑥时间间隔。两次面漆间隔时间（即第一遍面漆表面干燥时间）一般在2小时左右。

⑦养护保护。第二遍面漆刷完后，需要1～2天才能完全干透。在涂料完全干透前应及时关窗关门，注意防水、防旱、防晒等，防止漆膜出现问题。

4. 仿瓷涂料面层

（1）施工工具

抹子、刷子、卷尺、刮板、砂纸等。

（2）施工工艺

①施工环境。施工环境应保持相对湿度在85%以下，基面含水率在10%以下。如基面温度极高（比如夏天长时间阳光暴晒），应先喷洒凉水降温，待基面干燥后再进行施工。

②搅拌均匀。涂料施工前应按照要求适当加水稀释，充分搅拌均匀。

③刮第一遍仿瓷涂料。先将墙面表层粉尘擦掉，墙面先上后下横向满刮。一刮板紧着一刮板，接头不得留槎，每一刮板收头要干净平顺。干燥后复补腻子，砂纸磨平磨光，表面清扫干净。

④刮第二遍仿瓷涂料。操作方法同第一遍，使用前将涂料充分搅拌，不宜太稀，以防露底。竖向满刮，漆膜干燥后，用砂纸打磨抛光至有光泽、手感光滑。

⑤养护保护。墙面涂料未干燥前，室内不得清扫地面，以免尘土沾污墙面。干燥后要妥善保护，不得碰撞，不得泼水。

注意事项如下。

①透底。应保证涂料稠度，不可随意加水。批刮时应避免涂层薄、漏刮，砂纸打磨时应避免磨穿腻子。

②接槎明显。涂刮时要上下顺刮，前后紧接。若间隔时间稍长，易产生明显接槎，当涂刮面积大时应配备足够的操作人员，保证能够互相衔接。

③刮纹明显。仿瓷涂料稠度要适中，刮子用力要适当，多理多顺，防止刮纹过大。

④颜色一致。一个工作面一次完成，以免留下接痕。

5. 多彩涂料面层

（1）施工工具

喷枪、喷斗、小型空气压缩机、抹子、刷子、卷尺等。

（2）施工工艺

①现场条件。施工环境温度不低于10℃，雨天和高温天气应避免施工，现场环境无灰尘污染。

②底涂。底层涂料为溶剂性涂料。可根据基层及气温情况，加10%左右的稀释剂。基层腻子干燥后，将底层涂料搅拌均匀，从上往下、从左向右均匀刷涂于墙面上。

③中涂。底涂干燥后，进行中涂。中涂涂料为水性涂料，喷涂时可加15%～20%的水稀释。将中层涂料搅拌均匀，用滚筒将涂料从上往下、从左向右均匀涂刷于墙面，且边滚边用排笔刷理均匀。

④面涂。待中涂干透后，可进行多彩喷涂面层。将面层多彩涂料搅拌均匀，装入喷斗中。一般采用内压式喷枪从左向右、从上往下均匀喷涂于墙面上，即可形成多彩饰面层。喷枪口距离墙面30 cm左右，且垂直于墙面，喷枪移动速度要均匀，一般一遍成活。

⑤养护保护。墙面涂料未干燥前，室内环境应保持干燥洁净，以免污染墙面。

注意事项如下。

①严禁底层与中层涂料混合使用。

②多彩涂料中含有机溶剂，施工中应注意防火和通风。

③喷枪和容器使用后，必须立即用水冲洗干净。

6. 液体壁纸面层

（1）施工流程

搅拌→加料→刮涂→收料→对花→补花。

（2）施工工艺

①搅拌。施工前充分搅拌涂料，搅拌过程中如有气泡产生，应将其静置十分钟左右，待气泡消失方可使用。

②加料。将适当的涂料置于印刷工具内框上，浆量要合适均匀。

③刮涂。将印刷工具置于墙角处，印刷模具模面紧贴墙面，用刮板进行涂刮（图2-33）。双人配合施工，一人套模一人刮涂。

图2-33

④收料。一个图案花型刮好后，收尽模具上的多余涂料，提起模具时应垂直于墙面起落。模具使用后及时清洗、晾干，以免有残留物堵塞。

⑤对花。套模时根据图案花型列距和行距保证横、竖、斜都成一条线。以模具外框贴近已经印好花型的最外缘，找到参照点后涂刮，并依此类推至整个墙面。

⑥补花。当墙面在纵向和横向不够套模时，使用软模补足。

⑦养护保护。墙面涂料未干燥前，室内保持洁净，避免灰尘。

7. 硅藻泥面层

（1）施工工具

手提电动搅拌器、量水器皿、刷子、美纹胶纸等。

（2）施工工艺

①调配搅拌。在搅拌容器中加入适量清水，如图案有颜色，则需加入与产品匹配使用的色浆，缓慢倒入部分干粉，用电动搅拌机搅拌。待干粉和色浆水完全混合后，再将剩余材料倒入桶内，继续搅拌均匀，直到成为细腻的膏状（没有颗粒状、结块状）为止。正式施工前再搅拌几分钟。

②涂抹。涂抹两遍，第一遍厚度约 1.5 mm，待墙面表面不沾手后，再涂抹第二遍，厚度约 1.5 mm。间隔时间视施工现场温度、湿度而定，如有露底，及时用料补平。

③肌理制作。硅藻泥可塑性强，根据现场环境情况，可用多种工具通过多种工艺手法制作肌理图案（图 2-34）。

④收光。制作完肌理图案后，用收光抹子沿图案纹路压实收光。

⑤养护保护。硅藻泥墙面完全干燥一般需 48 小时，期间不要触摸。48 小时后可少量喷水，干燥后用干净毛巾或海绵泡沫去除表面浮料。施工过程中，不得使用空调、风扇或开窗通风，干燥过快会增加肌理施工难度。

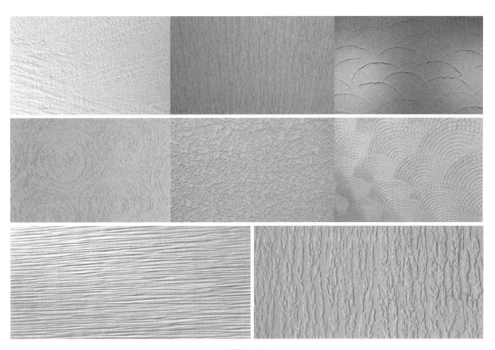

图 2-34

【教学分析】

教学总结
教学过程
教学方法
教学开展

【学习梳理】

提纲		内容与图例	总结知识 / 技能 / 职业 / 思想
涂料种类			
施工准备			
施工流程			
施工工艺	基层处理		
	刮腻子、打磨		
	乳胶漆面层		
	仿瓷涂料面层		
	多彩涂料面层		
	液体壁纸面层		
	硅藻泥面层		

【实践实训】

1. 调研考察涂料市场，记录涂料的类型、品牌、特点、单价等信息。

类型	品牌	特点	单价	常用规格	施工方法（刮涂 / 喷涂 / 滚涂等）

2. 实地参观涂料类施工现场，了解掌握施工流程与工艺技术。可分组进行。

【学习评价】

序号	考核方向	内容	分值 100	赋分
1	知识考核	讨论问答，学习习惯得到改善。发言积极加 1～5 分	15 分	
2	能力考核	任务完成质量，相关知识技能综合应用效果	35 分	
3	过程考核	内容完成度	30 分	
4	素质考核	考勤纪律，学习状态，对待调整、修改要求的认真程度	10 分	
5	思政考核	学习主动性，职业认知	10 分	

模块 4
顶棚工程

【模块导图】

　　顶棚构造的合理设计对室内空间的照明、保温隔热、隔声等起着非常重要的作用，对室内的整体装饰效果影响重大。

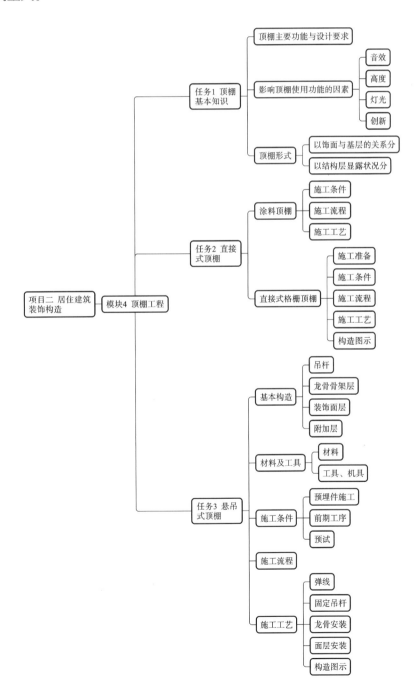

任务1　顶棚基本知识

【任务描述】

熟悉顶棚主要功能与设计要求，尤其是顶棚设计安全要求与防火要求。能够根据空间条件或客户需求，合理设计顶棚造型，提升客户空间体验。

【任务实施】

1.通过搜集资料、参观现场，了解顶棚种类及材料的相关信息。

2.归纳总结顶棚类型、特点及满足设计要求的表现。

【任务学习】

一、顶棚主要功能与设计要求

顶棚主要功能与设计要求如表 2-10 所示。

表 2-10　顶棚主要功能与设计要求

主要功能		遮盖各种通风、照明、空调线路以及管道等室内空间设备
		为灯具、标牌等提供一个可载实体
		创造特定的使用空间和审美形式
		起到吸声、隔热、通风等作用
设计要求	安全要求	造型与材料选择应满足空间装饰效果和使用功能的要求，材料及构造措施应安全可靠，具体构造做法可选用或参照国家建筑设计标准图集
		满足承载要求。吊挂重型吊顶或灯具，安全性应做结构验算
		减少重型材料的使用。尽量少用或不用石材作为吊顶饰面材料，可用蜂窝铝板贴薄型石材，或硅酸镁板喷仿石漆，安全性能和经济性都更好
	防火要求	应根据要求采用非燃烧体材料或难燃烧体材料。严禁采用燃烧时产生大量浓烟或有毒气体的材料，燃烧性能等级应符合《建筑内部装修设计防火规范》（GB 50222—2017）的要求。尽量少用木夹板作为吊顶材料。吊顶为弧形造型时可采用硅酸镁板等 A 级燃烧性能的板材制作
		顶棚不宜设置散热量大的灯具。照明灯的高温部位，应采取隔热、散热等防火保护措施。灯饰所用材料不应低于吊顶的燃烧等级
		可燃气体管道不得在封闭的吊顶内敷设
	构造要求	满足防水要求。卫生间等潮湿房间顶棚应采用耐水材料。顶棚内上水管道应做保温隔热处理，防止产生凝结水
		满足保温隔热要求。顶棚内应用密度小、质量轻的材料做保温隔热层，并使其与吊顶之间留有空间，以利于热空气的散发。吊顶覆面材料的选用，应符合《民用建筑工程室内环境污染控制标准》（GB 50325—2020）的要求
		满足洁净要求。尽量采取整体无缝吊顶，表面平整、光滑、不积尘
		满足其他专业设计要求。如面层材料选用、主次龙骨布置、各类灯具、扬声器、空调风口位置等。各专业应密切配合，协调统一，绘制顶棚综合平面图

二、影响顶棚使用功能的因素

1. 音效

顶棚造型的设计和材质会影响到空间的使用效果。当顶棚平滑时，它能成为光线和声音有效的反射面。若光线自下方或侧面射来，顶棚会成为一个广阔、柔和的照明表面。其设计形状和材质对空间音质效果有很大影响。大量采用光滑的饰面材料，会引起反射声和混响声。

为避免声音的反射，可采用具有吸声效果的顶棚饰面材料，或通过使顶棚倾斜、增加吸声表面积、用更多的块面板材进行折面处理的方式，改善空间的声场效果。

2. 高度

（1）高度影响

顶棚是室内空间的一个主要界面，其形式在限制空间竖向尺度方面起着重要的视觉作用，同时也是室内空间重要的遮盖部件。

顶棚的高低变化会使空间产生不同的感觉。高顶棚能产生庄重的气氛，给空间以开阔、崇高的感觉，而低空间则能形成亲切、温暖的氛围。但过于低矮也会适得其反，使人感到压抑。一般情况下，低矮的顶棚多用于走廊和过廊。在室内整体空间中，通过局部空间高低的变换，有助于限定空间边界、划分使用范围，强化室内空间氛围。

（2）高低调节

①色彩调节。顶棚的高低可通过色彩、细部处理造成视觉上的错觉而进行调节。如低矮的空间采用高明度的色彩，使人感觉空间空阔、亮远；高大的空间采用明度较低的色彩，可以降低视觉高度。

②细部处理。采用细部处理也可以调节空间的高低，如顶棚材料与色彩延伸至墙面上，墙与顶的交接处采用圆弧角，或开天窗、做发光天棚等。

3. 灯光

灯光控制有助于营造气氛和增加空间层次感。顶棚设计中灯光是一个不容忽视的因素。要做到美观与实用并重，既要满足顶棚本身要求的照明功能，又要展现出室内的整体美感。

4. 创新

新材料、新技术的开发和运用，对室内顶棚的设计和施工会产生重大的影响。

三、顶棚形式

1. 以饰面与基层的关系分

（1）直接式顶棚

直接式顶棚是指在屋面板或楼板结构底面直接做抹灰、喷（粉）刷或粘贴，或将屋面板、楼板结构下部分直接外露于室内空间，如钢筋混凝土井字梁、钢管网架形成的结构顶棚等均属直接式顶棚。

直接式顶棚具有构造简单、构造层厚度小、施工方便，室内净空较高、造价较低等特点，但缺乏隐蔽管线与设备的内部空间，多用于普通建筑或空间高度受到限制的空间（图2-35）。

×

图 2-35

（2）悬吊式顶棚

悬吊式顶棚是指顶棚装饰表面悬吊于屋面板或楼板下，并与屋面板或楼板留有一定距离的顶棚，俗称吊顶。悬吊式顶棚可结合灯具、通风口、音响、喷淋、消防设施等进行整体设计，形成变化丰富的立体造型，改善室内环境，满足不同使用功能的要求（图 2-36）。

①以外观分，悬吊式顶棚分为井格式顶棚、平滑式顶棚、叠落式顶棚、悬浮式顶棚。

②以龙骨材料分，悬吊式顶棚分为木龙骨悬吊式顶棚、轻钢龙骨悬吊式顶棚、铝合金龙骨悬吊式顶棚。

③以饰面层和龙骨的关系分，悬吊式顶棚分为活动装配式悬吊顶棚、固定式悬吊顶棚。

④以顶棚面板分，悬吊式顶棚分为石膏板悬吊式顶棚、矿棉板悬吊式顶棚、金属板悬吊式顶棚、玻璃发光悬吊式顶棚、软质悬吊式顶棚等。

图 2-36

2. 以顶棚结构层显露状况分

以顶棚结构层显露状况分，顶棚分为全露明顶棚和半露明顶棚（图2-37）。

①全露明顶棚：充分暴露结构的形式，其结构形式在进行建筑空间设计中已经充分考虑露明时的整体美观。

②半露明顶棚：部分结构形式外露，部分隐蔽。

图 2-37

【教学分析】

教学总结
教学过程
教学方法
教学开展

【学习梳理】

提纲	内容与图例	总结知识/技能/职业/思想
顶棚功能		
顶棚设计要求		
顶棚影响因素		
顶棚形式		

【实践实训】

　　线上线下或实地参观，搜集住宅空间顶棚造型、使用材料、特点等信息，编辑形成调研报告。

【学习评价】

序号	考核方向	内容	分值100	赋分
1	知识考核	讨论问答，学习习惯得到改善。发言积极加1～5分	15分	
2	能力考核	任务完成质量，相关知识技能综合应用效果	35分	
3	过程考核	内容完成度	30分	
4	素质考核	考勤纪律，学习状态，对待调整、修改要求的认真程度	10分	
5	思政考核	学习主动性，职业认知	10分	

任务2 直接式顶棚

【任务描述】

掌握常用直接式顶棚材料的种类与特点，结合相应设计方案或客户需求，选择适宜材料；学习直接式顶棚构造施工流程与施工工艺；注意墙面、顶面等细部的衔接处理；培养认真负责、精益求精的职业素养。

【任务实施】

1. 通过调研材料市场，了解顶棚材料种类、特点、造价等信息。

2. 掌握直接式顶棚施工流程与施工工艺。

3. 绘制相关构造图。

【任务学习】

直接式顶棚是在屋面板、楼板等底面直接进行喷浆、粘贴壁纸、粘贴或钉接石膏板条与其他板材等饰面材料形成的顶棚。有时也将不使用吊杆，直接在板底面铺设固定龙骨所做成的顶棚归于此类。

一、涂料顶棚

1. 施工条件

涂料品种、型号、性能、配色等符合设计要求，应贮存于 0 ℃以上的环境，使涂料不冻、不破乳。超期贮存的涂料需检验合格后方能使用。

墙面基本干燥，基层含水率不大于 10%。上下管道、洞口等处提前抹灰找平。

2. 施工流程

基层处理→修补腻子、砂纸打磨→第一遍满刮腻子、砂纸打磨→第二遍满刮腻子、砂纸打磨→刷涂第一道涂料→补腻子、砂纸打磨→喷涂第二道涂料。

3. 施工工艺

（1）基层处理修补

清除干净基层表面的灰尘、污垢、砂浆等，油污可用 10% 的草酸溶液清洗。混凝土顶面需涂刷界面处理剂。石膏板顶面基层批补腻子前，应先将板缝用石膏腻子进行嵌缝，并与穿孔牛皮纸带接缝粘贴。

基层处理应使表面平整、纹理质感均匀一致，否则会因光影作用影响涂膜颜色的一致性。基层表面不宜太光滑，否则影响涂料与基层的黏结力。

（2）满刮腻子

基层上满刮腻子一至两遍。为增强基层黏结力，在批刮腻子前，先刷一遍与涂料体系相同或相应的稀乳液，使稀乳液渗透到基层内部，增强与腻子的黏结力。

满刮时应横竖刮，并注意将接槎和收头腻子处理干净。第一道腻子干后对顶棚凹凸、刮痕等再进行修复、刮平，干后打磨砂纸；将腻子磨平、磨光并清理浮尘后，进行第二遍腻子的批刮施工。每道腻子干后，均需要用砂纸将腻子表面磨平、磨光。

（3）涂刷涂料

涂刷第一遍涂料。刷浆前应先将管道根部刷好，再大面积涂刷。涂刷时速度要均匀、平稳，保证涂层厚度均匀，注意接头处理。第一遍涂料干后，对麻点、凹凸等处用腻子重新复找刮平，干后用细砂纸轻轻打磨，并将粉尘清理干净，达到表面光滑平整。第二遍涂刷工艺同第一遍。具体如图2-38所示。

正常气温下，每遍涂刷间隔约一小时。大面积涂刷时应注意配合操作，实行流水作业，保证涂刷均匀、黏结牢固，不漏涂、透底、起皮，保证阴阳角顺直等。

图2-38

二、直接式格栅顶棚

1. 施工准备

（1）施工材料

格栅一般采用方木，纵横双向间距500 mm左右布置，然后固定石膏板、木板材等饰面。

木材骨架料应为烘干、无扭曲的红白松树种。木龙骨规格按设计要求确定，如无明确规定，大龙骨规格为50 mm×70 mm或50 mm×100 mm，小龙骨规格为50 mm×50 mm或40 mm×60 mm。木龙骨在安装前需要涂刷防火涂料，做防腐、防蛀处理，龙骨底面应刨光、刮平、截面厚度一致。

按照设计要求选用罩面板材及压条，罩面板材及压条的材质与规格应符合相关标准的要求。

其他材料包括膨胀螺栓、射钉、胶黏剂、木材防腐剂等。

施工材料如图2-39所示。

图2-39

（2）机具、工具

机具：小电锯、小台刨、手电钻。

工具：木刨、线刨、锯、斧、锤、螺丝刀、摇钻等。

2.施工条件

顶棚内各种管线均应安装完毕，直接接触结构的木龙骨应预先刷防腐剂。

室内空间需完成墙面及地面的湿作业和台面防水等工程，并搭好顶棚施工操作平台架。

3.施工流程

顶棚标高弹水平线→画龙骨分档线→安装水电管线设施→安装大龙骨→安装小龙骨→防腐处理→安装罩面板→安装压条。

4.施工工艺

（1）弹线

根据楼层标高水平线，顺墙高测量到顶棚设计标高，沿墙四周弹顶棚标高水平线，并在四周的标高线上画好龙骨的分档位置线。准确定位才能使安装的吊顶不会出现倾斜或高低落差的情况。

（2）安装龙骨

按照定位线安装通长的边龙骨。分档龙骨间距应按照设计要求确定，若设计无要求，根据面板规格确定，一般为 500 mm 左右。

钉龙骨时要拉线找平整度，不平处要用切好的斜木楔打进龙骨与顶棚间的缝隙来调整高度，木楔要从龙骨左右分别打进去，以保证龙骨的平整度。

（3）安装罩面板（以石膏板为例）

石膏板不可按原尺寸整张铺设，否则接缝处很容易开裂。要按照龙骨间距切割成适当大小后铺钉，且边缘必须在龙骨上。

安装石膏板时应从楼板中部向四边固定，石膏板与周围墙或柱应留有 3 mm 槽口，以防开裂。龙骨两侧的石膏板接缝应错开，不得在同一根龙骨上接缝。

沿石膏板周边用木螺钉与木龙骨固定，间距不得大于 200 mm，螺钉与板边距离应为 10 ~ 15 mm，钉头略埋入板内，但不得损坏纸面。建议使用不锈钢材质的干壁钉固定（图 2-40）。

（4）钉眼、缝隙处理

①钉眼处理。安装石膏板之后，石膏板上会存在钉眼，通常用防锈腻子进行防锈处理（防锈螺钉可不处理）。

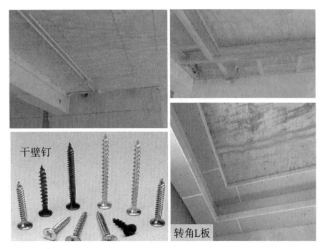

图 2-40

②缝隙处理。石膏板接缝应按设计要求进行板缝处理。石膏板不能紧密相接，要留有缝隙，用石膏粉填缝后，再用防裂胶带在表面粘贴，以防石膏板热胀冷缩造成顶面开裂。

钉眼、缝隙处理如图2-41（a）所示。

（5）装饰线固定

直接式顶棚的装饰线可采用粘贴法或直接钉固法与顶棚固定，常用材料有石膏线、木线、金属线，如图2-41（b）所示。

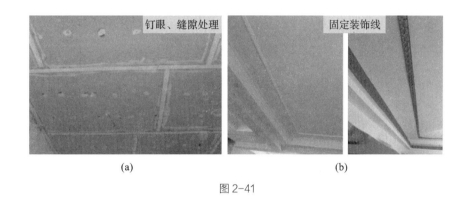

(a)　　　　　　　　　　　　　　　(b)

图2-41

5. 构造图示

装饰线构造如图2-42所示。

图2-42

【教学分析】

教学总结
教学过程
教学方法
教学开展

【学习梳理】

提纲		内容与图例		总结知识 / 技能 / 职业 / 思想
涂料顶棚	施工条件			
	施工流程			
	施工工艺			
直接式格栅顶棚	施工准备	施工材料		
		机具、工具		
	施工条件			
	施工流程			
	施工工艺			

【实践实训】

参观住宅空间装饰装修施工现场，拍摄、记录现场环节，可分组进行并形成实训报告。

【学习评价】

序号	考核方向	内容	分值100	赋分
1	知识考核	讨论问答，学习习惯得到改善。发言积极加 1～5 分	15 分	
2	能力考核	任务完成质量，相关知识技能综合应用效果	35 分	
3	过程考核	内容完成度	30 分	
4	素质考核	考勤纪律，学习状态，对待调整、修改要求的认真程度	10 分	
5	思政考核	学习主动性，职业认知	10 分	

任务 3　悬吊式顶棚

【任务描述】

掌握常用悬吊式顶棚材料的种类与特点，结合相应设计方案或客户需求，选择适宜的材料与构造方式；学习不同龙骨与面板吊顶的施工流程与施工工艺；培养认真负责、精益求精的职业素养。

【任务实施】

1.通过调研材料市场，了解吊顶常用龙骨与面板材料的种类、特点、造价等信息。

2.掌握吊顶施工流程与施工工艺。

3.绘制相关构造图。

【任务学习】

一、基本构造

悬吊式顶棚装饰表面与楼板之间留有一定空间，用于布置各种管道和设备。其主要由四个基本部分组成，即吊杆（也称吊筋）、龙骨骨架层、装饰面层及附加层（图2-43）。

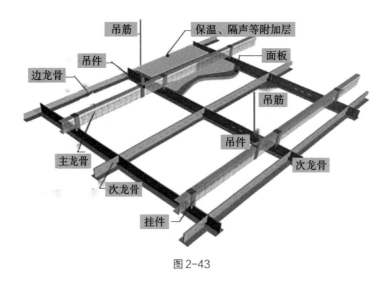

图2-43

1.吊杆

吊杆是连接龙骨和承重结构的传力构件。吊杆的作用是承受吊顶荷载，并调节、确定悬吊式顶棚的空间高度。

2.龙骨骨架层

龙骨骨架层是吊顶面层与附加层的承重结构，用以形成顶棚造型的主体轮廓。在龙骨骨架层中可布置相应的设备与管线。龙骨骨架层由主龙骨、次龙骨等组成。

（1）主龙骨

主龙骨依室内空间短向设置，直接与吊筋相连接，间距等同于吊筋间距。当设计无具体要求时，吊点间距不应大于 1200 mm，并按房间短向跨度的 0.1％～ 0.3％起拱。当吊筋采用钢筋时，若长度超过 1500 mm，应设置撑杆以防主龙骨浮动。

（2）次龙骨

次龙骨垂直于主龙骨设置，通过钉、扣件、吊件等连接件与主龙骨连接，紧贴主龙骨安装。次龙骨的主要作用是搁置吊顶装饰面层的板材，因此，次龙骨间距应视板材规格而定，但不得大于 600 mm，潮湿场所内间距不大于 400 mm。

3. 装饰面层

装饰面层一般设置在龙骨骨架层下部。装饰面层与龙骨骨架层之间一般采用搁置、钉固、黏结等方法连接。

4. 附加层

附加层是为满足保温、吸声、上人等特殊要求而设置的技术层，常被安置于大小龙骨之间或装饰面层之上。对于上人吊顶的构造做法，一般采取加设吊筋、设置走道板、走道旁安置行走栏杆等措施。

二、材料及工具

1. 材料

悬吊式顶棚常用材料如表 2-11 所示。

表 2-11　悬吊式顶棚常用材料

构造层次		材料应用	图示
吊筋		钢筋吊筋用于一般顶棚，不小于 $\phi6$；型钢用于重型顶棚或整体刚度要求特别高的顶棚；木质骨架的顶棚常采用规格为 50 mm×50 mm 的方木做吊筋	
龙骨	木龙骨	造型灵活、抗震、安装方便、简易。常见规格为 20 mm×30 mm、30 mm×40 mm、40 mm×40 mm	
	轻钢龙骨	常见 U 形、T 形和 C 形等，有 38、50、60 三种不同的系列。配有主龙骨、次龙骨、横撑龙骨、边龙骨、吊件、挂件、挂插件、连接件等主附件。38、50 系列适用于吊点间距为 900～1200 mm 的吊顶，38 系列不能承受上人荷载，50 系列主龙骨可承受 80 kg 的检修荷载。60 系列适用于吊点间距为 150 mm 的吊顶，主龙骨可承受 100 kg 的检修荷载	

构造层次		材料应用	图示
龙骨	铝合金龙骨	铝合金龙骨表面分为平面和凹槽，包括主龙骨大 T、副龙骨小 T 和边角龙骨。常规长度大 T 是 3 m，小 T 是 610 mm。常用龙骨架网格为 600 mm×600 mm 与 610 mm×610 mm，分别用于 595 mm×595 mm 和 603 mm×603 mm 硅钙板	
面板	石膏板	质轻、隔热不燃、可锯可钉、吸声调湿，但耐潮性差、不易擦洗，颜色单一，易变色，安装复杂，主要用于客厅、卧室吊顶。长度为 1800～3600 mm，宽度为 900 mm、1200 mm，厚度为 9～18 mm，多用 9 mm 和 12 mm	
	木质饰面板	木质格栅、木饰面板成型方便、施工简单、造价适宜、装饰效果好	
	金属板	铝扣板防火、防潮、耐酸碱、抗油烟、易清洗、环保，但绝热性较差，安装要求高。主要用于厨房、卫生间吊顶。常见规格为 300 mm×300 mm、300 mm×600 mm	
		铝基蜂窝板防火防潮、易清洗、环保无污染、耐腐蚀、安装快捷方便、隔声隔热、缝隙小、美观、可任意裁剪和组装拼接、色彩丰富、灯光效果极好，但造价相对较高，适用于全屋装修	
	PVC 板	质轻、安装简便、防水防潮、防蛀，表面花色图案多样、耐污染、阻燃、隔声隔热	

2. 工具、机具

工具、机具包括电锯、无齿锯、射钉枪、手锯、钳子、螺丝刀、钢尺等。

三、施工条件

1. 预埋件施工

建筑结构施工时，应按设计要求在现浇混凝土楼板或预制混凝土楼板缝预埋间距为 900～1200 mm 的 $\phi6～\phi10$ 钢筋吊杆。设计无要求时，按主龙骨排列位置预埋吊杆。

2. 前期工序

安装完成顶棚内的各种管线及通风道，确定灯位、通风口及各种露明孔口位置。吊顶面板安装前应完成墙面、地面湿作业工程项目。

3. 预试

大面积施工前应做样板间。顶棚的起拱度、灯槽、通风口的构造处理、分块及固定方法等应进行试装，经鉴定认可后方可大面积施工。

四、施工流程

弹线定位→固定吊杆→主龙骨安装→次龙骨安装→面板安装→安装压条。

五、施工工艺

1. 弹线

根据楼层标高水平线、设计标高，沿墙四周或柱面弹出顶棚标高水平线。如设计为叠级造型，相应叠级高、低点处均应标出。如吊顶设计有造型或图案要求，应先弹出吊顶对称线，随后龙骨及吊点位置对称布置。

在板底弹出主龙骨位置线，吊杆位置线与龙骨一样，同时弹在板底上。吊杆间距、主龙骨间距是影响吊顶高度的重要因素，一般控制在 1000 ～ 1200 mm。弹线应清晰，位置准确。

2. 固定吊杆

弹好顶棚标高水平线及龙骨位置线后，确定吊杆下端头标高，按主龙骨位置及吊挂间距，将吊杆无螺栓丝扣一端与楼板固定（图 2-44）。

预埋件连接：吊杆直接与楼板或梁上预留吊钩或预埋件连接固定。

无预埋件连接：在吊点位置用冲击钻打胀管螺栓后，将胀管螺栓同吊杆焊接。用射钉枪固定射钉，如选用尾部带孔的射钉，将吊杆穿过尾部的孔即可。如选用无孔射钉，先将小角铁一边固定在楼板上，另一边钻孔，将吊杆穿过角铁孔即可。

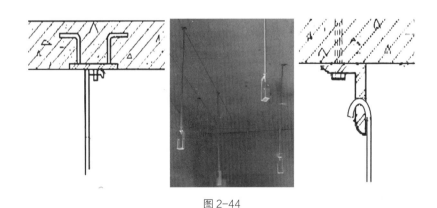

图 2-44

3. 龙骨安装

（1）轻钢龙骨安装

主龙骨安装：主龙骨用与之配套的吊挂件与吊杆组装。龙骨一般按照预先弹好的位置，从一端依次安装、调整到另一端。如果有高低跨，则先安装高跨部分，后安装低跨部分。对于检修孔、上人孔等部位，在安装龙骨时，将尺寸及位置留出，洞口附加龙骨。

如果在吊顶下部悬挂大型吊灯，龙骨与吊杆应配合好。若有些龙骨需断开，则要采取相应的加固措施。建议大型灯饰与龙骨脱开，直接与结构构件固定悬挂，以保证使用安全。

次龙骨安装：按已弹好的次龙骨位置线，卡放次龙骨吊挂件。按设计规定间距，一般为 500 ～ 600 mm，将次龙骨通过吊挂件吊挂在主龙骨上，并调平固定，连接件用以续接长度。

（2）铝合金龙骨安装

根据弹出的主龙骨位置线及标高线，先将主龙骨基本就位。次龙骨紧贴主龙骨安装就位后，满拉纵横控制标高线（十字中心线）或使用水平仪，从一端开始，边安装边调整，最后再精调一遍，直到龙骨纵横向调平、调直为止。如面积较大，在中间应考虑水平线适当起拱。

边龙骨沿墙面或柱面标高线固定，间距不大于 500 mm。当基层材料强度较低、紧固力不好时，则改用胀管螺栓或加大钉的长度。边龙骨一般不承重，只起封边作用，可用铝合金或镀锌钢板连接件接长，与主龙骨相连。

龙骨安装完毕后，需全面校正主、次龙骨位置及水平度，同时注意连接件应错位使用安装。

4. 面层安装

龙骨安装完毕并验收合格后，依据面板规格分块弹线，从顶棚中间顺次龙骨方向开始安装一行面板，作为基准，然后向两侧分行安装。固定面板的自攻螺钉间距为 200 ～ 300 mm。

5. 构造图示

悬吊式顶棚构造如图 2-45 所示。

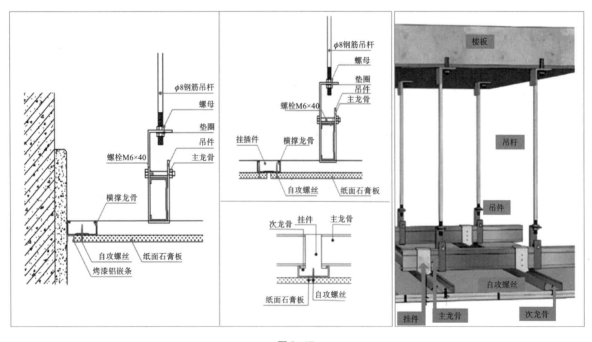

图 2-45

【教学分析】

教学总结
教学过程
教学方法
教学开展

【学习梳理】

提纲		内容与图例	总结知识 / 技能 / 职业 / 思想
基本构造	吊杆		
	龙骨骨架层		
	装饰面层		
	附加层		
材料及工具			
施工条件			
施工流程			
施工工艺	弹线		
	固定吊杆		
	龙骨安装		
	面层安装		
	构造图示		

【实践实训】

1.考察材料市场，搜集资料，了解家装吊顶常用材料及价位。实地参观、记录住宅吊顶材料应用情况、现场施工过程。可分组进行。

家装常用吊顶材料

构造层次	材料名称	特点	单价	常用规格
龙骨				
面板				

2.根据具体吊顶平面绘制相应构造图。

【学习评价】

序号	考核方向	内容	分值100	赋分
1	知识考核	讨论问答，学习习惯得到改善。发言积极加1～5分	15分	
2	能力考核	任务完成质量，相关知识技能综合应用效果	35分	
3	过程考核	内容完成度	30分	
4	素质考核	考勤纪律，学习状态，对待调整、修改要求的认真程度	10分	
5	思政考核	学习主动性，职业认知	10分	

项目三
公共建筑装饰构造

【项目概述】

　　公共建筑是为人们工作、学习、娱乐、餐饮、交通等活动提供场所的建筑物，如写字楼、商业娱乐中心、酒店、图书馆、体育场馆、机场、火车站、地铁站等。公共建筑因使用功能不同，对室内空间环境的设计要求也各有不同，其装饰构造设计也有别于居住建筑。

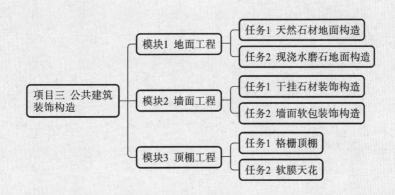

模块 1
地面工程

【模块导图】

公共空间室内地面是建筑物中接触使用最频繁的部位，因公共建筑空间性质不同，会有不同的使用要求与特点。尤其是商业空间、交通空间等人流密集场所，对地面的要求更高，进而对其构造方式与材料选择等产生影响。

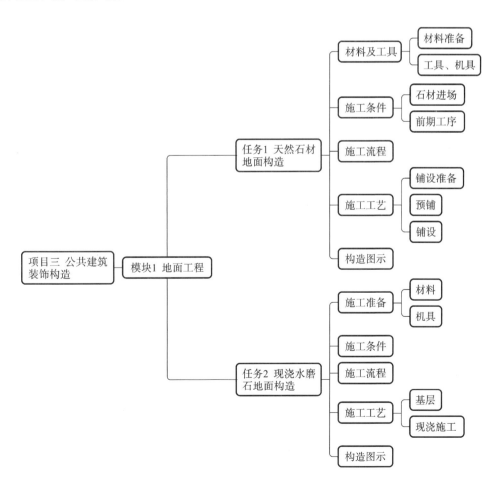

任务1 天然石材地面构造

【任务描述】

调研大理石、花岗岩等天然石材的材料市场，了解其特点、规格、适用性等；掌握大理石、花岗岩地面施工流程与铺贴工艺；绘制指定空间地面铺贴构造图。

理解客户至上的含义，对于不同使用功能的建筑物，能够选择适宜的装饰构造方式与材料。

【任务实施】

1.调研天然石材市场，记录材料常用规格、价格等信息。

2.熟悉、掌握石材铺贴工艺与流程。

3.培养认真负责的专业态度，养成职业意识。

【任务学习】

一、材料及工具

1.材料准备

（1）天然石材

①材料特点。

大理石美观大方、色彩丰富、坚固耐用，但价格较高；花岗岩成色和图案天然美观，硬度最高，使用寿命长，耐磨损，易清理。此外，天然石材均无法定制且价格较高。

②材料要求。

大理石、花岗石板材的品种、规格、质量应符合设计和施工规范要求，技术等级、光泽度、外观等质量要求应符合国家现行行业标准。在铺装前应采取防护措施，防止出现污染、碰损。

（2）辅料要求

辅料主要采用P42.5级普通硅酸盐水泥或矿渣硅酸盐水泥，适量P42.5级白色硅酸盐水泥用于擦缝。水泥进场应有出厂检验报告，并抽样送检，鉴定合格后方可使用；砂子采用中砂或粗砂，含泥量不大于3％；使用专用填缝胶等。

2.工具、机具

手提式电动石材切割机或台式石材切割机，干、湿切割刀片，磨石机，手电钻，水平尺，靠尺，弯角方尺，橡胶锤或木锤，抹子，钢卷尺，钢丝刷等。

二、施工条件

1.石材进场

石板进场后，应侧立堆放在室内，并于底部加垫木方等支撑（图3-1）。

查验石材的品种、规格、数量、质量等是否符合设计要求，剔除存在裂缝、掉角、表面缺陷等问题的石材。不同品种的石材不得混杂使用，需根据石材的颜色、花纹、图案、纹理等对应设计要求编号分类。

临时加工场所需安装台钻，接通水源、电源。对需要切割钻孔的石材，安装前应按照设计要求加工完成。

图 3-1

2. 前期工序

楼地面结构、基层等隐蔽工程验收合格，室内抹灰、门框、地面预埋件、水电设备、暗敷管线等均已完成，立管、套管及孔洞周边已浇筑密实、堵严，检查合格。

三、施工流程

准备工作→基层处理→预拼→弹线→试排→界面处理、刷水泥浆→铺砂浆、刮水泥浆→铺大理石或花岗岩板材→灌缝擦缝→养护→检测验收。

四、施工工艺

1. 铺设准备

（1）石材检验

对应施工大样图、材料加工单，核准各部位尺寸、做法，核算细部、边角与洞口尺寸。如有场外加工，则需对石材的颜色、花纹、放射性等进行考量，并查看检测报告。

（2）基层处理

检查基层平整度及标高是否符合设计要求，如存在较大偏差或松散、脱层、裂缝等缺陷，应将其剔除干净，做找平、补强处理后，清扫干净表面尘土、油泥污垢等。

2. 预铺

（1）预拼

正式铺设施工前，需要对应每个空间的设计方案，按照图案、颜色、纹理试拼，包括管道部位的套割，将非整板材靠墙编号、码放整齐。碎拼大理石、花岗石按图预拼、编号，经各部门协商同意后，方可正式施工。

（2）弹线

依据楼层标高控制点确定地面标高，每隔一定距离做一个标高控制点，以保障大面积铺贴时的地面高度。

按照设计排版图在地面基层上弹出十字控制线，引至墙面底部，用以控制房间方正，检查大理石、花岗岩板材的铺设位置。各房间控制线需保证相互平行，避免边角处出现斜形块材。

（3）试排

在房间内纵横两个方向铺设两条略宽于板材的干砂带，厚度在 3 cm 以上，将大理石、花岗岩板材按照施工大样图拉线、校正方正后排列（图 3-2）。

核查板材与墙柱边、门洞口的对应位置，检查接缝宽度、板块间缝隙宽度。如无设计要求，缝隙宽度不应大于 1 mm。若出现尺寸、色彩误差，需进行调整交换，直至效果达到最佳。

图 3-2

3. 铺设

（1）结合层施工

地面先刷水泥浆一道，找平层采用 1 : 2.5 干硬性水泥砂浆，再铺砂浆结合层。根据试铺高度决定结合层厚度，或放上板材时高出面层 3～4 mm，用靠尺板刮平，抹子拍实找平。

（2）板材铺设

通常情况下，板材厂家已做好六面防碱背涂，防止铺贴后出现泛碱现象。如果没做，现场需要提前做好，再进行铺贴。板材预先用水浸湿，表面阴干无明水后铺设。

根据十字控制线纵横各铺一行，作为大面积铺设的标筋。依据试拼编号、图案及缝隙设定，从控制线交点开始铺设。在石材背面均匀刮铺一层黏结砂浆或素水泥浆，然后铺在干硬性水泥砂浆层上，用橡皮锤敲击平整（图 3-3）。安放时注意四角同时向下落。

铺完第一块，向两侧和后退方向按顺序铺砌。铺完纵横行后，分段分区依次铺设。通常先里后外，逐步退至门口，注意与楼道接缝配合交圈。

橡皮锤敲击找平找直时，如有锤击空声，需揭板重新补浆，直至平实为止。

（3）灌缝养护

待地面强度达到要求后，清理干净缝隙间杂物。根据石材颜色，选择相同或相近颜色的矿物颜料与水泥调配成同色水泥浆，将缝批嵌密实，也可使用专用填缝剂进行填充。

清理表面，并对面层覆盖塑料薄膜保护，以减缓水泥砂浆在硬化过程中水分的蒸发速度，增强板材与砂浆的黏结程度。常温下养护7天，期间不得上人，保证水泥砂浆强度达标，减小空鼓概率。另外，表面应加盖硬纸垫保护成品，防止后续施工造成污损。

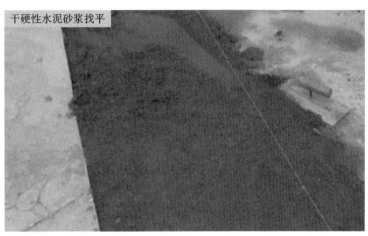

图3-3

五、构造图示

天然石材地面构造如图 3-4 所示。

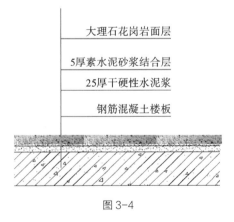

图3-4

【教学分析】

教学总结
教学过程
教学方法
教学开展

【学习梳理】

提纲			内容与图例		总结（知识 / 技能 / 职业 / 思想）
材料及工具	材料准备	大理石			
		花岗岩			
		辅料			
	工具、机具				
施工条件	石材进场				
	前期工序				
施工流程					
施工工艺	铺设准备	石材检验	构造图示		
		基层处理			
	预铺	预拼、弹线、试排			
	铺设	结合层施工			
		板材铺设			
		灌缝养护			

【实践实训】

1.调研天然石材材料市场，或线上搜集石材图像，编辑形成电子版天然石材市场调研报告。可分组进行。

名称	品种	常用规格	单价	图例	适用空间

2.根据规定公共空间平面框架图，绘制大理石、花岗岩地面构造图。

【学习评价】

序号	考核方向	内容	分值100	赋分
1	知识考核	讨论问答梳理理解的内容。发言积极加1～5分	15分	
2	能力考核	任务完成质量，相关知识技能综合应用效果	35分	
3	过程考核	内容完成度	30分	
4	素质考核	考勤纪律，学习状态，对待调整、修改要求的认真程度	10分	
5	思政考核	学习主动性，职业认知	10分	

任务2 现浇水磨石地面构造

【任务描述】

现浇水磨石地面表面平整美观、光滑、不易起灰，耐酸碱、不开裂、不怕重压、耐高温、耐老化、耐污损，可按照设计和使用要求做成各种彩色图案，应用范围较广，如机场候机楼、宾馆门厅、医院、办公楼走道等。学习中要求调研相关应用场所，了解使用材料的种类、特点、规格、适用性等，掌握施工工艺与施工流程，绘制相应构造图。

了解施工要求与安全措施，形成遵守规章制度、认真负责的职业态度。

【任务实施】

1. 考察相关材料市场、适用空间，形成记录总结报告。

2. 熟悉、掌握水磨石施工工艺与流程。

3. 具有专业态度，养成良好的工作习惯。

【任务学习】

一、施工准备

1. 材料

现浇水磨石地面主要材料如表 3–1 所示。

表 3–1 现浇水磨石地面主要材料

分类	特性、作用	参考图例
水泥	普通水磨石面层采用 42.5 级普通硅酸盐水泥或矿渣硅酸盐水泥。彩色水磨石面层采用白水泥。同色面层应使用同一批水泥	
中砂	含泥量不得大于 3%	
石粒	石粒采用质地密实、磨面光亮但硬度不高的大理石、白云石，不宜使用方解石或硬度较高的花岗岩、玄武岩、辉绿岩等。石粒应洁净无杂物，粒径通常为 4 ～ 14 mm。不同石粒按品种、规格、颜色分别存放，避免混杂	
颜料	颜料性能因生产厂家不同、批号不同，色光难以完全一致。使用时同一单项工程均应依据样板选用同批号颜料，以保障其色光及着色力一致	

分类	特性、作用	参考图例
分格条	采用铜条、铝合金、玻璃、PVC 塑料条等，厚 5 mm，高 10 ~ 15 mm（视面层厚度定），长度依分块尺寸而定	
草酸	块状、粉状均可，使用时用清水稀释	

2. 机具

磨石机、手提式磨石机、滚筒、靠尺、抹子、筛子、磨石（粗、中、细规格）、铁錾子等。

二、施工条件

施工环境温度应保持在 5 ℃以上。

地面需平整、粗糙，清理至无灰尘、无杂物等；室内门框和楼地面预埋件等项目均应施工完毕，并验收合格；各种暗敷管线及地漏等已安装完毕。

石子（米石）用水洗净晾干使用，石子粒径及颜色须由设计人员确定。

三、施工流程

基层处理→找标高→弹水平线→铺抹找平层砂浆→养护→弹分格线→镶分格条→拌制水磨石拌和料→铺水泥浆结合层→铺水磨石拌和料→滚压抹平→试磨补浆→粗磨补浆→细磨补浆→磨光→草酸清洗→打蜡上光。

四、施工工艺

1. 基层

（1）基层处理

基层清扫干净，根据墙面基准线弹出底层砂浆表面水平线，打灰饼，做出标筋。标筋硬化后，浇水湿透基层，刮素水泥浆一遍。

（2）找平层

铺抹水泥砂浆找平层一般采用 1：3 水泥砂浆，先将砂浆摊平，再用压尺按冲筋刮平，随即用木抹子磨平压实。要求表面平整密实、保持粗糙，找平层抹好后，第二天应浇水养护至少一天。

2. 现浇施工

（1）镶嵌分格条

找平层养护一天后，先在找平层上按设计要求弹出纵横两向或图案墨线，然后按墨线裁切分格条。

在分格条下部抹通长八字形纯水泥浆（与找平层约成 45° 角）。纯水泥浆的涂抹高度比分格条低 3～5 mm，分格条应镶嵌牢固、严密，顶面在同一平面上，并通线检查其平整度及顺直度（图 3-5）。

分格条镶嵌好以后，隔 12 小时开始浇水养护，最少应养护一天。

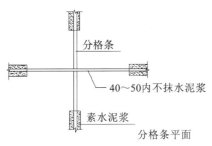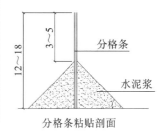

图 3-5（单位：mm）

（2）抹石子浆面层

石子浆必须严格按照配合比计量，搅拌均匀。

铺石子浆前一天，洒水湿润基层。将分格条内的积水和浮砂清除干净，并涂刷素水泥浆一遍，素水泥浆的水泥品种与石子浆的水泥品种一致。

随即将石子浆先铺在分格条旁边，将分格条边约 10 cm 内的石子浆（石子浆配合比一般为 1：1.25 或 1：1.5）轻轻抹平压实，以保护分格条。然后再整格铺抹，用铁滚子压实。

面层应比分格条高 5 mm 左右。如局部石子浆过厚，应用铁抹子挖去，再将周围的石子浆刮平压实。对局部水泥浆较厚处，应适当补撒一些石子，并压平压实，要求表面平整，石子分布均匀。

（3）养护

石子浆铺抹完成后，次日起应进行浇水养护，并应设警戒线严防踩踏。

（4）磨光

大面积施工宜用机械磨石机研磨，小面积施工及边角处可使用小型手提式磨石机研磨，局部无法使用机械研磨的，可用手工研磨。开磨前应试磨，若试磨后石粒不松动，即可开磨。一般开磨时间与气温及水泥强度、品种有关。

用粗石磨第一遍，随磨随用清水冲洗，并将及时扫除磨出的浆液。整个水磨面要磨匀、磨平、磨透，使石粒面及全部分格条顶面外露。

磨完后要及时将泥浆水冲洗干净，稍干后，涂刷一层同颜色水泥浆（即补浆），用以填补砂眼和凹痕，对个别脱石部位要填补好。不同颜色上浆时，要按先深后浅的顺序进行。

补浆后需养护 1～2 天，再用磨石进行第二遍研磨，方法同第一遍。要求磨至表面平滑、无模糊不清之感为止。

磨完清洗干净后，再涂刷一层同色水泥浆（补浆）。继续养护 1～2 天，用细磨石进行第三遍研磨。要求磨至石子粒粒显露，表面平整光滑，无砂眼、细孔为止，再用清水将其冲洗干净并养护。

（5）上蜡抛光

用布将蜡薄薄地、均匀地涂刷在水磨石面上。待蜡干后，用包有麻布的木块代替油石装在磨石机的磨盘上进行磨光，直到水磨石表面光滑洁亮为止。

五、构造图示

现浇水磨石地面构造如图 3-6 所示。

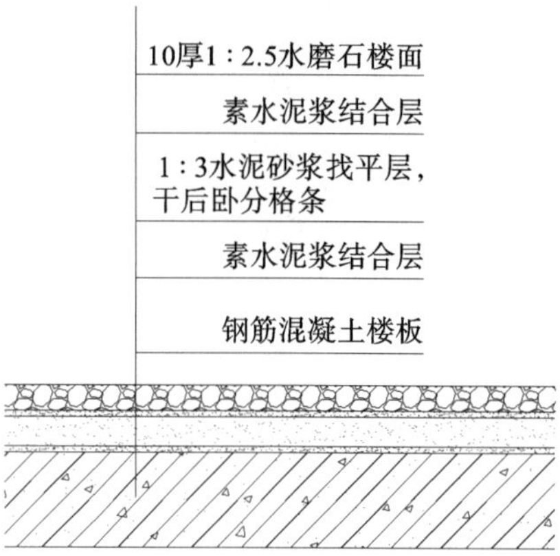

图 3-6

【**教学分析**】

教学总结
教学过程
教学方法
教学开展

【学习梳理】

提纲			内容与图例	总结（知识 / 技能 / 职业 / 思想）
施工准备	材料	水泥、中砂		
		石粒		
		颜料		
	机具			
施工条件				
施工流程				
施工工艺	基层	基层处理		构造图示
		找平层		
	现浇施工	镶嵌分格条		
		抹石子浆面层		
		养护		
		磨光		
		上蜡抛光		

【实践实训】

1.施工现场参观，编辑形成电子版参观报告。

2.根据规定的空间平面框架图，绘制现浇水磨石铺装构造图。

【学习评价】

序号	考核方向	内容	分值100	赋分
1	知识考核	讨论问答，学习习惯得到改善。发言积极加1～5分	15分	
2	能力考核	任务完成质量，相关知识技能综合应用效果	35分	
3	过程考核	内容完成度	30分	
4	素质考核	考勤纪律，学习状态，对待调整、修改要求的认真程度	10分	
5	思政考核	学习主动性，职业认知	10分	

模块 2
墙面工程

【模块导图】

  公共建筑室内墙面对分隔空间、规划人流导向等起着极其重要的作用，墙面的造型设计也是室内设计的重点。公共建筑的墙面对装饰构造设计、技术、防火等方面的需求与居住建筑存在一定差异。

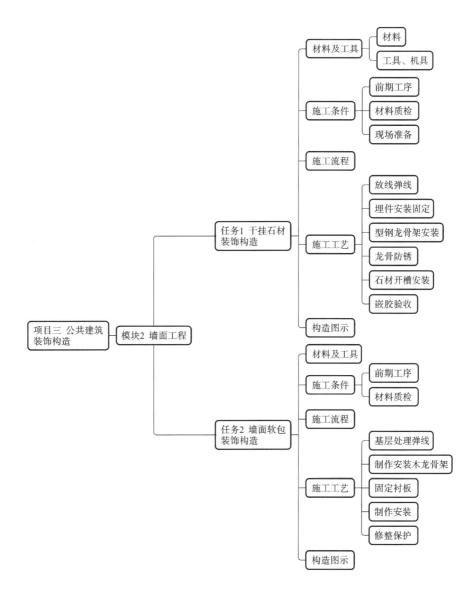

任务1 干挂石材装饰构造

【任务描述】

学习掌握干挂石材施工流程与工艺要求；关注配件与主体连接、防锈等细部构造施工要求与质量，培养认真负责、精益求精的职业素养。

【任务实施】

1.通过调研石材材料市场，了解石材及配件等常用规格、价位等信息。

2.掌握石材干挂施工流程与工艺。

3.绘制相关构造图。

【任务学习】

一、材料及工具

1.材料

干挂石材材料组成如表3-2所示。

表3-2 干挂石材材料组成

材料	特点	要求
大理石饰面	表面硬度不大，抗风化性能较差，除了汉白玉、艾叶青等少数品种可用于室外，其余多用于室内	棱角方正、底面整齐、颜色一致，无裂纹、隐伤和缺角。
花岗石饰面	属硬石材，抗冻、耐磨、抗风化。多用于重要建筑外墙面。装饰质感有剁斧、蘑菇石和磨光三种	石材品种、颜色、花纹、尺寸和规格等应符合设计要求。 强度、吸水率等性能满足质量标准
钢骨架	竖向龙骨多采用槽钢或方钢，横向龙骨多用角钢	材质符合设计要求，并有合格证、检验报告等
配件	不锈钢挂件、挂件与骨架的固定螺栓、膨胀螺栓、填缝胶等	符合要求，有合格证、不锈钢挂件受力试验报告等

2.工具、机具

台钻、云石切割机、金属切割机、磨光机、台锯、橡皮锤、冲击钻、手枪钻、卷尺、靠尺等。

二、施工条件

1.前期工序

结构与隐蔽工程检查验收完成，水电、设备、墙上预留预埋件已安装完。门窗工程已完成，且质量符合要求。

2.材料质检

检查石材质量、规格、品种、数量、各项性能指标是否符合设计要求，做好表面防护；膨胀螺栓、连接铁件等及其配套的配件质量是否符合要求。

3. 现场准备

脚手架搭设符合要求。垂直运输机，加工石材所需的水、电源等已配备；已对施工人员进行技术交底。强调技术措施、质量要求和成品保护的重要性。拆除脚手架时，避免磕碰成品；大面积施工前先做样板间，经各方鉴定合格后，再进行施工。

三、施工流程

施工准备→放线弹线→安装埋件连接件→焊接竖向龙骨→固定横向龙骨→龙骨防锈→石材开槽→石材安装→调整保护。

四、施工工艺

1. 放线弹线

清理干挂石材的墙面，检查其垂直度、平整度，必要时进行凿除、修整。根据设计要求弹出骨架分割线、饰面轮廓线、墙面水平基准线。

根据设计要求进行石材排版、编号，确定下单表，准备石材加工供应。如有图案设计，需出具石材图案排版图。

2. 埋件安装固定

按照槽钢或方钢等竖向龙骨位置，确定埋件钢板位置，一般采用5～8 mm厚钢板，在混凝土梁、墙上用ϕ10金属膨胀螺栓固定埋件。膨胀螺栓钻孔位置要准确、干净，螺栓埋设垂直、牢固，连接件垂直、方正、不翘曲。

埋件垂直方向间距不宜大于3000 mm，横向间距同竖向龙骨间距，一般应小于1000 mm。

3. 型钢龙骨架安装

按照所弹分割线合理布置型钢骨架竖向龙骨，间距在1000 mm左右。竖向龙骨采用槽钢或方钢，与埋件四周满焊连接；横向龙骨采用镀锌角钢，间距根据石材规格而定，与竖向龙骨满焊连接。

安装前根据石材规格在角钢一边预先打孔，以备挂件固定用。角钢钻孔位置必须与石材开槽保持准确一致（图3-7）。横向龙骨焊接要求水平偏差小于3 mm，且必须与石材横缝对应，保证石材挂完之后能够交圈。

图3-7

4. 龙骨防锈

龙骨防锈至关重要。型钢龙骨架安装完毕，经验收合格后，所有焊接部位应做防锈处理。通常处理焊缝至无毛刺、无焊渣，刷三道防锈漆，以免后期使用过程中型钢被腐蚀，危及结构安全。

5. 石材开槽安装

根据设计尺寸将石材固定在专用模具上，在石材上、下端开槽。开槽深度在 15 mm 左右，槽边与板材正面距离约 15 mm 并保持平行，背面开一企口以便干挂件能嵌入。

安装石材应按由下至上、先大面后特殊的顺序进行。上好侧面连接件，调整面板后用大理石干挂胶予以固定。同一水平石材安装完后，检查其表面平整度及水平度后，予以嵌缝。同一部位的石材，其表面颜色须均匀一致。

6. 嵌胶验收

将石材面清理干净，与监理、甲方共同验收。检测石材表面平整度、垂直度、接缝大小、是否存在色差等。符合设计要求后，进行下一步打胶工序。石材周边嵌入云石胶，颜色与石材一致；打胶前在缝隙两侧粘贴防污条。嵌入泡沫棒，泡沫棒比缝隙大 3 ～ 4 mm，最薄处为 3 mm。缝隙应嵌填密实、光滑平顺，保证石材和胶黏结牢固后，撕掉纸带清理干净，验收合格后可拆除脚手架。

干挂石材施工工艺如图 3-8 所示。

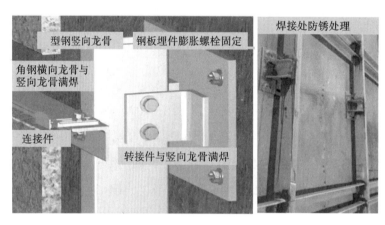

图 3-8

五、构造图示

干挂石材竖向剖切构造如图 3-9（a）所示，横向剖切构造如图 3-9（b）所示。

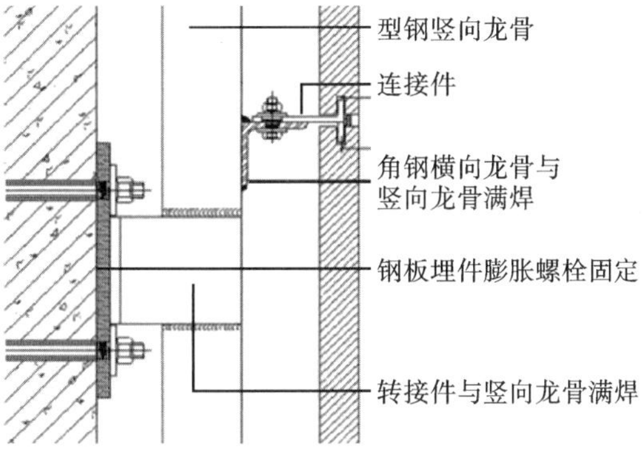

型钢竖向龙骨

连接件

角钢横向龙骨与
竖向龙骨满焊

钢板埋件膨胀螺栓固定

转接件与竖向龙骨满焊

(a)

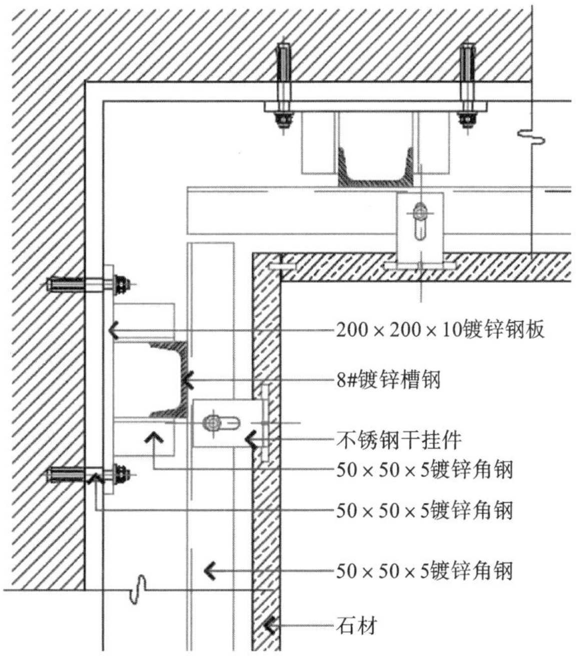

200×200×10镀锌钢板

8#镀锌槽钢

不锈钢干挂件
50×50×5镀锌角钢

50×50×5镀锌角钢

50×50×5镀锌角钢

石材

(b)

图 3-9（单位：mm）

【**教学分析**】

教学总结
教学过程
教学方法
教学开展

【学习梳理】

提纲		内容与图例	总结（知识/技能/职业/思想）
材料及工具	材料		
	工具、机具		
施工条件	前期工序		
	材料质检		
	现场准备		
施工流程			
施工工艺	放线弹线		
	埋件安装固定		
	型钢龙骨架安装		
	龙骨防锈		
	石材开槽安装		
	嵌胶验收		
构造图示			

【实践实训】

1. 施工现场参观，编辑形成实践报告。

2. 根据规定的干挂大理石立面设计图，绘制石材干挂构造图。

【学习评价】

序号	考核方向	内容	分值100	赋分
1	知识考核	讨论问答，学习习惯得到改善。发言积极加1～5分	15分	
2	能力考核	任务完成质量，相关知识技能综合应用效果	35分	
3	过程考核	内容完成度	30分	
4	素质考核	考勤纪律，学习状态，对待调整、修改要求的认真程度	10分	
5	思政考核	学习主动性，职业认知	10分	

任务 2　墙面软包装饰构造

【任务描述】

了解软包常用材料的种类与特点，掌握其构造方式；能够根据不同公共空间使用功能要求及设计方案，提供不同材质与方式的构造设计；学习掌握施工流程与施工工艺要求；注意细部构造，培养认真负责、精益求精的职业素养。

【任务实施】

1. 调研软包材料市场，了解不同品类材料的特点、价位等信息。

2. 掌握施工流程与施工工艺。

3. 根据立面造型绘制构造图。

【任务学习】

一、材料及工具

墙面软包材料及工具如表 3-3 所示。

表 3-3　墙面软包材料及工具

材料		特点
饰面层	壁布锦缎	色彩华丽，光泽柔和，质感温暖，格调高雅，吸声隔声
	PU 皮革	防潮防霉、防水、防尘，易清洁维护
填充物		普通海绵或高弹海绵。高弹海绵防震性、吸声性、稳定性等更好
底板		密度板、纤维板、细木工板等
机具、工具		木工工作台、电锯、电刨、冲击钻、手枪钻、裁切织物皮革工作台、锤子、美工刀、剪子、刷子、钢尺、卷尺、铝合金靠尺等

二、施工条件

1. 前期工序

墙面设备、管线施工完成，室内吊顶分项工程基本完成，并验收合格。墙面清理干净。

2. 材料质检

软包饰面层材料具有合格证、防火检验报告，达到国家标准和设计要求。颜色花纹等符合设计要求；填充海绵的厚度、质量等符合要求，具有产品合格证；底板、木龙骨及黏结胶等规格、等级、防腐防火处理符合设计和施工规范要求。

三、施工流程

基层处理弹线→制作安装木龙骨架→固定衬板→制作安装→修整软包墙面→成品保护。

四、施工工艺

1. 基层处理弹线

墙面基层如有不平整、不垂直、松动开裂现象，先用水泥砂浆进行基层找平和防潮处理。

根据设计图纸在墙面上弹出实际分格尺寸，并校对位置的准确性。

2. 制作安装木龙骨架

25 mm×30 mm 木龙骨刷防火涂料，横纵双向钉接或榫接，间距在 400 mm 左右，固定于预埋木楔上。

3. 固定衬板

衬板通常采用 9～12 mm 多层板，背刷防火涂料。在木龙骨接触面上满刷乳胶，将衬板固定在木龙骨上。衬板要求平整、固定牢固，钉帽不得凸出，面积较大时需留出约 5 mm 伸缩缝。

4. 制作安装

（1）直接铺贴

①放线。在衬板上根据设计要求放线绘制图案。

②铺钉型条。将型条按墙面画线铺钉，遇到交叉时在相交位置将型条固定面剪出缺口以免相交处重叠；遇到曲线时，将型条固定面剪成锯齿状后弯曲铺钉；遇到有电源开关或插座时，将型条钉成与线盒大小相同的方格，空出线盒大小的位置。型条相交处留空隙，根据面料厚度确定所留空隙的大小。

③填充海绵包覆面料。按照面料软包单元规格裁剪，根据海绵厚度略放大边幅，用插刀将面料插入型条缝隙。插入时不要插到底，待面料四边定型后可边插边调整。如面料为同款素色面料，则面料不需剪开，先将中间部分夹缝填好，再向周围延展。插人造革时如阻力较大，可在刀插入处涂些兑水清洁剂，插刀也要蘸清洁剂以防磨损。

④收边修整。紧靠线条或者相邻墙面时可直接插入相邻缝隙，插入面料前在缝隙边略涂胶水。若没有相邻物，则将面料收入型条与墙面的夹缝；若面料较薄，则剪一长条面料粘贴加厚，再将收边面料覆盖在上面插入型条与墙面的夹缝，使侧面更加平整美观。

直接铺贴工艺流程如图 3-10 所示。

（2）预制铺贴

①裁切面料。按照设计要求结合布料尺寸规格，

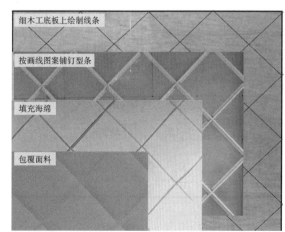

图 3-10

计算用料和填充料的套裁。将面料、海绵放置在平整干净的裁切工作台上进行裁剪，下料时面料每边多裁 50 mm 便于包裹绷边。剪裁时要保证横平竖直、不歪斜、尺寸准确。

②粘贴面料。将 5 mm 厚软包层底板四周用封边条进行固定，按照设计用料，在九厘板等底板上满刷薄而均匀的一层乳胶液。

③填充海绵。将海绵填充物从板的一端向另一端黏在衬板上，保证海绵垫黏结平整，不得有鼓包或折痕。稍干后，把面料按照定位标志上下摆正，注意面料花纹与相邻软包块的对称。上部首先用木条临时固定面料，而后将下端和两侧位置找准、延展平整，把面料卷过衬板约 50 mm，钉在衬板上，固定牢固。

为使软包块边缘平直或弧角顺畅一致，在衬板四边采用与海绵等厚的木线钉成框，接头要平整，海绵粘贴在木线中间后，再进行软包面料的制作。

④安装软包板块。软包板块制作完成后，在平台上进行试拼，达到设计效果后，把预制好的软包板块用气钉枪将边框固定在墙面基层衬板上。

5. 修整保护

施工完毕后，修整软包墙面，除尘清理，处理保护膜的钉眼和胶痕等，保护成品。

五、构造图示

墙面软包构造如图 3-11 所示。

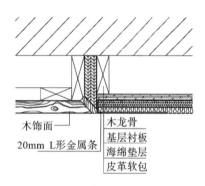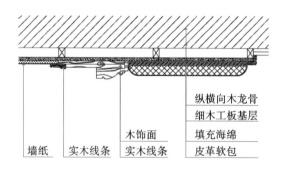

图 3-11

【教学分析】

教学总结
教学过程
教学方法
教学开展

【学习梳理】

提纲		内容与图例	总结（知识 / 技能 / 职业 / 思想）
材料及工具	饰面层		
	填充物		
	底板		
	机具、工具		
施工条件	前期工序		
	材料质检		
施工流程			
施工工艺	基层处理弹线		
	制作安装木龙骨架		
	固定衬板		
	制作安装		
	修整保护		
构造图示			

【实践实训】

1. 对应任务梳理内容，调研软包面料市场，了解常用材料、价位等信息。

2. 参观现场施工并记录，可分组进行。

3. 按照具体立面图绘制软包构造图。

【学习评价】

序号	考核方向	内容	分值100	赋分
1	知识考核	讨论问答，学习习惯得到改善。发言积极加 1～5 分	15 分	
2	能力考核	任务完成质量，相关知识技能综合应用效果	35 分	
3	过程考核	内容完成度	30 分	
4	素质考核	考勤纪律，学习状态，对待调整、修改要求的认真程度	10 分	
5	思政考核	学习主动性，职业认知	10 分	

模块 3
顶棚工程

【模块导图】

　　格栅式吊顶由特定形状的单元体组合而成，悬吊于结构层下皮且不完全将其封闭。表层饰面既遮又透，开口有方形、多边形、圆形、条形等，形式多样，减少了吊顶的压抑感，具有一定的韵律感；软膜天花与采光照明结合，极大地丰富了室内空间效果。

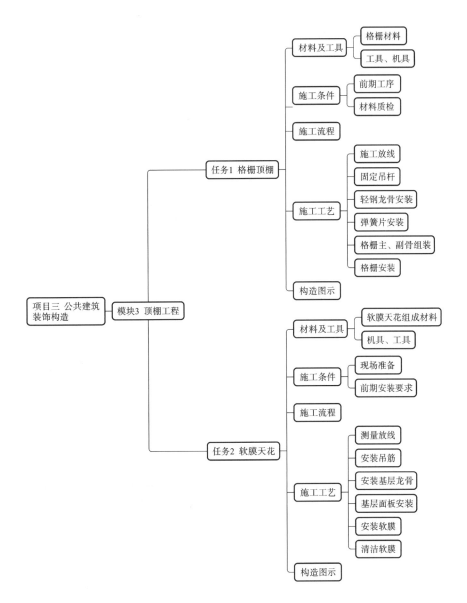

任务1　格栅顶棚

【任务描述】

掌握格栅吊顶材料种类与特点，学习格栅吊顶施工流程与施工工艺；注意细部衔接处理，培养认真负责、精益求精的职业素养。

【任务实施】

1.通过调研材料市场，了解不同类型格栅材料的价格信息。

2.掌握格栅吊顶施工流程与施工工艺。

3.绘制相关构造图。

【任务学习】

一、材料及工具

1.格栅材料

不同材质的格栅及其特点如表3-4所示。

表3-4　不同材质的格栅及其特点

种类	特点	图示
木质格栅	用木板、胶合板加工成单体构件，组成格栅式吊顶构件。木板、胶合板易于加工成型、质量小、表面装饰选择多。木格栅通常在地面加工拼装完成后，再按设计要求托起悬吊。构件间连接采用钉、胶黏等方式	
生态木格栅	PVC发泡工艺形成的木塑产品。具有实木特性，防水防潮、防蛀防腐、保温隔热，耐候性强、耐老化，色彩、尺寸、形状可定制，易加工、不易变形，绿色环保	
金属格栅	以铝合金最常见。由0.5 mm厚薄板加工而成。金属格栅质量小、层次分明、立体感强、造型新颖、防火防潮、安装方便，通风好。照明、吸声及通风等方面易于达到良好效果	

2. 工具、机具

铝合金切割机、电锯、无齿锯、手锯、手枪钻、冲击电锤、角磨机、射钉枪、螺丝刀、方尺、钢尺等。

二、施工条件

1. 材料检验

格栅板条、边龙骨及吊挂件的规格尺寸、强度、花纹图案均符合设计要求；龙骨通常采用轻钢龙骨，分为 U 形和 T 形两种。主次龙骨规格、型号、材质及厚度符合设计要求及国家标准，有合格证；吊筋、角钢、金属膨胀管等辅料满刷两道防锈漆。

2. 现场准备

（1）隐蔽工程

顶棚隐蔽工程管线、设备及通风道、消防报警、消防喷淋系统施工完毕，并验收合格。管道系统试水、打压完成。

（2）样板试装

完成吊顶深化设计与施工排版大样图，确定通风口及各种明露孔口位置。大面积施工前，完成样板间或样板段，其分块及固定方法等需经试装，鉴定合格后方可大面积施工。

三、施工流程

放线→安装吊杆→轻钢龙骨安装→弹簧片安装→格栅主、副骨组装→格栅安装。

四、施工工艺

1. 施工放线

水准仪在室内弹出水准线，一般距地面 500 mm。从水准线测量至吊顶设计高度后，沿墙（柱）弹出水平线，此为吊顶格栅下皮线。

根据格栅吊顶布置图，在板底弹出主龙骨位置。主龙骨从吊顶中心向两边分，间距不超过 1 m。标出吊杆固定点，间距 900～1000 mm。如遇梁、管道等导致固定点间距大于设计规范要求，应增加吊杆。

2. 固定吊杆

吊杆一般采用 $\phi6$ 钢筋，用膨胀螺栓固定在楼板上，冲击电锤打孔，孔径应稍大于膨胀螺栓直径。

3. 轻钢龙骨安装

轻钢龙骨吊挂在吊杆上，间距 900～1000 mm。龙骨平行于空间长向安装，同时起拱，起拱高度为长向跨度的 1/300～1/200。

轻钢龙骨悬臂段长度不应大于 300 mm，否则应增加吊杆。主龙骨采取对接方式接长，相邻龙骨对接接头需相互错开，挂好后调平。吊顶跨度大于 15 m 时，在主龙骨上每隔 15 m 加一道大龙骨。

4. 弹簧片安装

用吊杆与轻钢龙骨连接（如吊顶较低可以将弹簧片直接安装在吊杆上，省略本工序），间距900 ~ 1000 mm，再将弹簧片卡在吊杆上。

5. 格栅主、副骨组装

将格栅主、副骨在地面按照设计图纸要求预装完成。

6. 格栅安装

将预装好的格栅天花用吊钩穿在主骨孔内吊起，整个格栅吊顶连接后，调整至水平即可。

格栅顶棚施工工艺如图 3-12 所示。

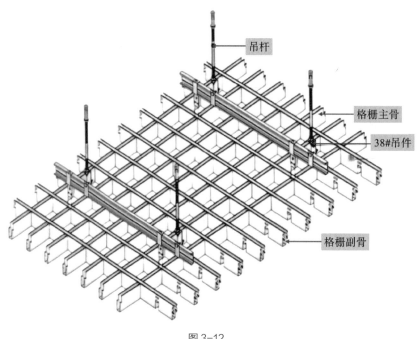

图 3-12

五、构造图示

格栅顶棚构造如图 3-13 所示。

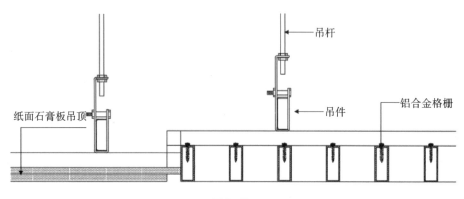

图 3-13

【教学分析】

教学总结
教学过程
教学方法
教学开展

×

【学习梳理】

✕

提纲			内容与图例	总结（知识/技能/职业/思想）
材料及工具	格栅材料	木质格栅		
		生态木格栅		
		金属格栅		
	工具、机具			
施工条件	材料质检			
	现场准备			
施工流程				
施工工艺	施工放线			
	固定吊杆			
	轻钢龙骨安装			
	弹簧片安装			
	格栅主、副骨组装			
	格栅安装			
构造图示				

【实践实训】

1.考察格栅材料市场，搜集资料，了解格栅吊顶材料及价位。

2.实地参观、记录现场施工过程，绘制相关构造图。可分组进行。

材料名称	特点	单价	备注

【学习评价】

序号	考核方向	内容	分值100	赋分
1	知识考核	讨论问答，学习习惯得到改善。发言积极加 1～5 分	15分	
2	能力考核	任务完成质量，相关知识技能综合应用效果	35分	
3	过程考核	内容完成度	30分	
4	素质考核	考勤纪律，学习状态，对待调整、修改要求的认真程度	10分	
5	思政考核	学习主动性，职业认知	10分	

任务 2　软膜天花

【任务描述】

掌握软膜吊顶材料的特点，学习软膜天花施工流程与施工工艺；培养认真负责、精益求精的职业素养。

【任务实施】

1.通过调研材料市场，了解软膜材料信息。

2.掌握软膜吊顶施工流程与施工工艺。

3.绘制相关构造图。

【任务学习】

一、材料及工具

1.软膜天花组成材料

软膜天花组成材料及特性如表 3-5 所示。

表 3-5　软膜天花组成材料及特性

组成材料	材质及用途	图示
龙骨	铝合金挤压成形，防火等级 A_1；氯乙烯材料制成，防火等级 B_1。用于扣住软膜天花，有 F 码、H 码、双扣码等形式可满足各种造型需要	
扣边条	扣边条用聚氧乙烯挤压成型，为半硬质材料。焊接在软膜四周，便于软膜天花扣在特制龙骨上	PVC双收边胶条　PVC单收边胶条
软膜	①防火级别 A_1、B_1 级。燃烧后自身熔穿，不会放出有害气体。 ②绝缘性能好，可减少室内温度流失。 ③混合有抗菌物质，能够抵抗、防止微生物生长。 ④通常采用封闭式安装结构设计，利于防水。 ⑤颜色丰富，有哑光面、光面、绒面、金属面、孔面及透光面等多种表面质感可供选择。 ⑥软性材料可根据造型设计定制形状，使设计更具创造性。 ⑦装配式安装固定，十分方便。无溶剂挥发，不影响空间正常使用。 ⑧软膜与扣边主要成分是 PVC，专用龙骨有 PVC 和铝合金材质，使用寿命均在十年以上。 ⑨由环保型原料制成，不含镉、乙醇等有害物质，可回收。其制造、运输、安装、使用、回收过程中均不会对环境产生任何影响。 ⑩隔声效果良好，能够有效改善室内空间音效	

2. 机具、工具

电吹风、手磨机、手电钻、专用铲刀、螺丝刀、自攻螺丝、卷尺等。

二、施工条件

1. 现场准备

墙体、顶棚前期工序完成并验收合格。场地清洁干净，保证通电，软膜天花基层处理符合天花安装条件。

2. 前期安装要求

灯具灯架依据设计尺寸安装完成，灯具线路布置完成并通电检验。暗藏灯带内部涂白，保证软膜设计安装的效果更好。空调、喷淋头、烟感器、消防管道等布置、调试完成并验收合格。

三、施工流程

弹线→安装吊杆→基层龙骨安装→基层面板安装→软膜安装→清洁软膜。

四、施工工艺

1. 测量放线

墙面弹出 50 线，以此为基点弹吊顶高度水平线。投影仪弹出间距 3 m 的软膜分隔线，以及纵横双向间距 1 m 的吊筋位置控制线。

2. 安装吊筋

板底采用 ϕ8 膨胀螺栓固定 L60×6 铁件，将吊筋焊接于铁件上。吊筋与铁件均需刷两遍防锈漆。

3. 安装基层龙骨

在吊筋上焊接 ϕ10 套丝扣的吊杆，配好紧固用螺帽。专用吊挂件连接主龙骨（轻钢龙骨）与吊杆，拉线调平调正后，拧固螺帽。

用吊挂件将次龙骨固定于主龙骨上并调平、调正，次龙骨间可采用 30×5 横撑龙骨加强稳定性。

通常主龙骨间距 900 mm，次龙骨间距 450 mm，横撑龙骨间距不大于 1500 mm。龙骨间连接固定的配件应保证品牌统一。

4. 基层面板安装

为使软膜天花光照效果更好，通常可在基层龙骨上安装石膏基层板，与次龙骨通过自攻螺丝固定，采用刷白处理。

5. 安装软膜

软膜打开用电吹风充分加热均匀后，用铲刀顶住软膜扣边，塞到龙骨卡槽中。将软膜沿天花造型周边用 M5×35 镀锌自攻螺丝与铝合金龙骨固定。

安装时从中间向两边固定，注意安装尺寸的准确性。焊接缝要直，控制好角位，驳接要平整，灯架与周边龙骨水平，保证牢固平稳，底面打磨光滑，水平高度一致，避免凸显底架痕迹。

不平整处用电吹风平整，并将四周多出的软膜修剪完整。

软膜天花施工工艺如图 3-14 所示。

螺钉 固定扁码
双扣码压边龙骨
H码压边龙骨
软膜天花

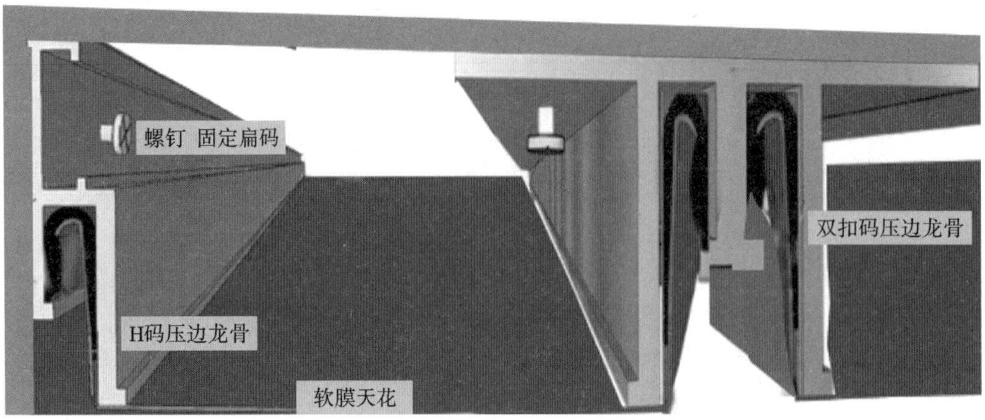

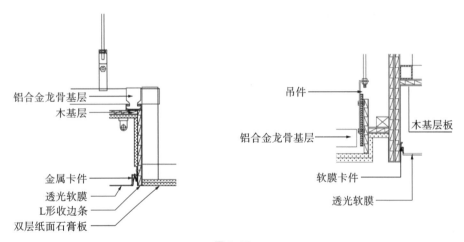

图 3-14

6. 清洁软膜

软膜全部安装完工，灯口、烟感器等各种功能口开设完毕后，用干净毛巾将软膜天花上的灰尘、污物等清洁干净。

五、构造图示

软膜无花与纸面石膏板吊顶衔接如图 3-15 所示。

铝合金龙骨基层
木基层
金属卡件
透光软膜
L形收边条
双层纸面石膏板
吊件
木基层板
铝合金龙骨基层
软膜卡件
透光软膜

图 3-15

【教学分析】

教学总结
教学过程
教学方法
教学开展

【学习梳理】

提纲			内容与图例	总结（知识 / 技能 / 职业 / 思想）
材料及工具	软膜天花组成材料	龙骨		
		扣边条		
		软膜		
	机具、工具			
施工条件	现场准备			
	前期安装要求			
施工流程				
施工工艺	测量放线			
	安装吊筋			
	安装基层龙骨			
	基层面板安装			
	安装软膜			
	清洁软膜			
构造图示				

【实践实训】

1. 考察材料市场，搜集资料，了解软膜吊顶材料组成、规格、特点等信息。

2. 实地参观、记录软膜吊顶施工过程，绘制相关构造图。可分组进行。

软膜相关材料调研

组成	材质、用途	图示	价格
龙骨			
扣边条			
软膜			

【学习评价】

序号	考核方向	内容	分值100	赋分
1	知识考核	讨论问答，学习习惯得到改善。发言积极加1～5分	15分	
2	能力考核	任务完成质量，相关知识技能综合应用效果	35分	
3	过程考核	内容完成度	30分	
4	素质考核	考勤纪律，学习状态，对待调整、修改要求的认真程度	10分	
5	思政考核	学习主动性，职业认知	10分	

项目四
建筑室内装饰施工图

【项目概述】

建筑空间的装饰设计从构想到实际建设完成，图纸是其核心要素，也是设计形象的语言媒介。从设计构思逐步演化、深化至施工图阶段，科学严谨地绘制出来的施工图是设计、施工、管理等项目实施的相关人员沟通与解决问题的依据，学习、识读、绘制施工图是建筑装饰工程得以实现的必要条件。

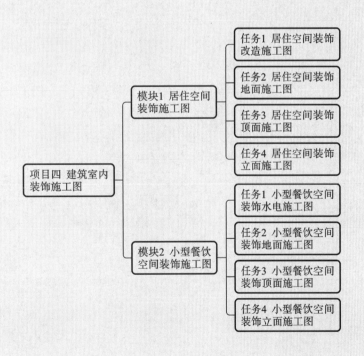

模块 1
居住空间装饰施工图

【模块导图】

居住建筑空间是人们最常见、接触最多的室内空间。居住建筑装饰施工图便于引导学生结合教学项目内容理解、掌握常用装饰构造的施工流程与施工工艺，有利于实训的推进。

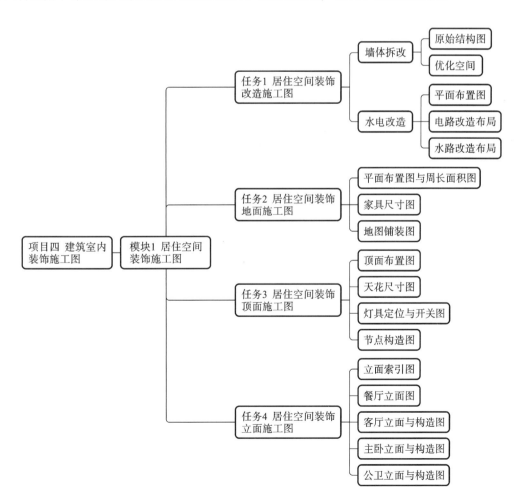

任务1 居住空间装饰改造施工图

【任务描述】

建筑装饰项目改造施工图是建筑装饰项目设计与实施的开端。对应模块任务学习、理解建筑装饰改造施工图，巩固施工流程与施工工艺等知识，并进行相应的实训练习。

【任务实施】

1. 结合模块任务，学习构造施工图。

2. 根据具体建筑装饰项目，进行实训练习。

【任务学习】

一、墙体拆改（项目二 模块1任务1）

1. 原始结构图

开展室内空间装饰设计项目，首先需要对原有建筑结构进行测量，确定墙体及管道位置等信息。明确原有墙体的受力情况，以及能否进行拆开，绘制出原始结构图（图4-1）。

2. 优化空间

（1）墙体拆除

结合内部空间设计方案对墙体进行拆改，以符合室内装饰设计的要求（图4-2）。

墙体拆除1、2：拆除主卧和次卧内墙体，以到顶衣柜分隔空间，增加空间使用面积，使空间布局更加合理。墙体窗户拆除3～9：拆除墙、墙垛、封闭公卫窗户，改变玄关通道，形成开放式厨房。墙体拆除10～12：拆除客厅与阳台隔墙，增设洗衣空间。

（2）墙体新建

依据设计方案，新建部分隔墙与门洞（图4-3）。

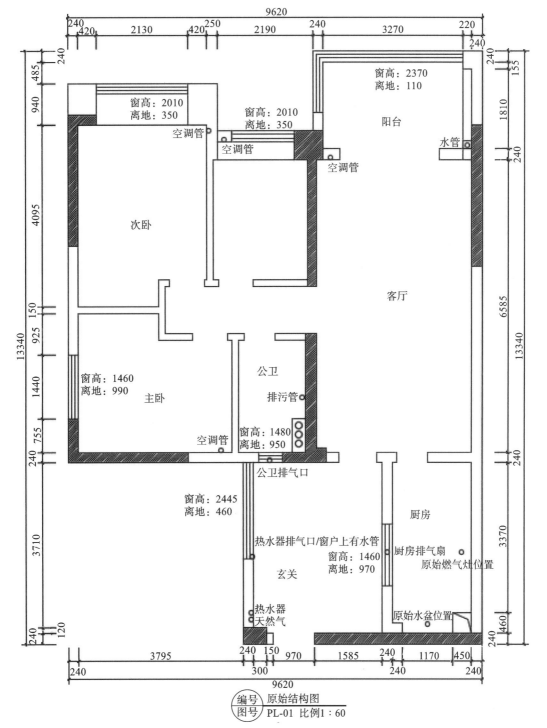

图 4-1（单位：mm）

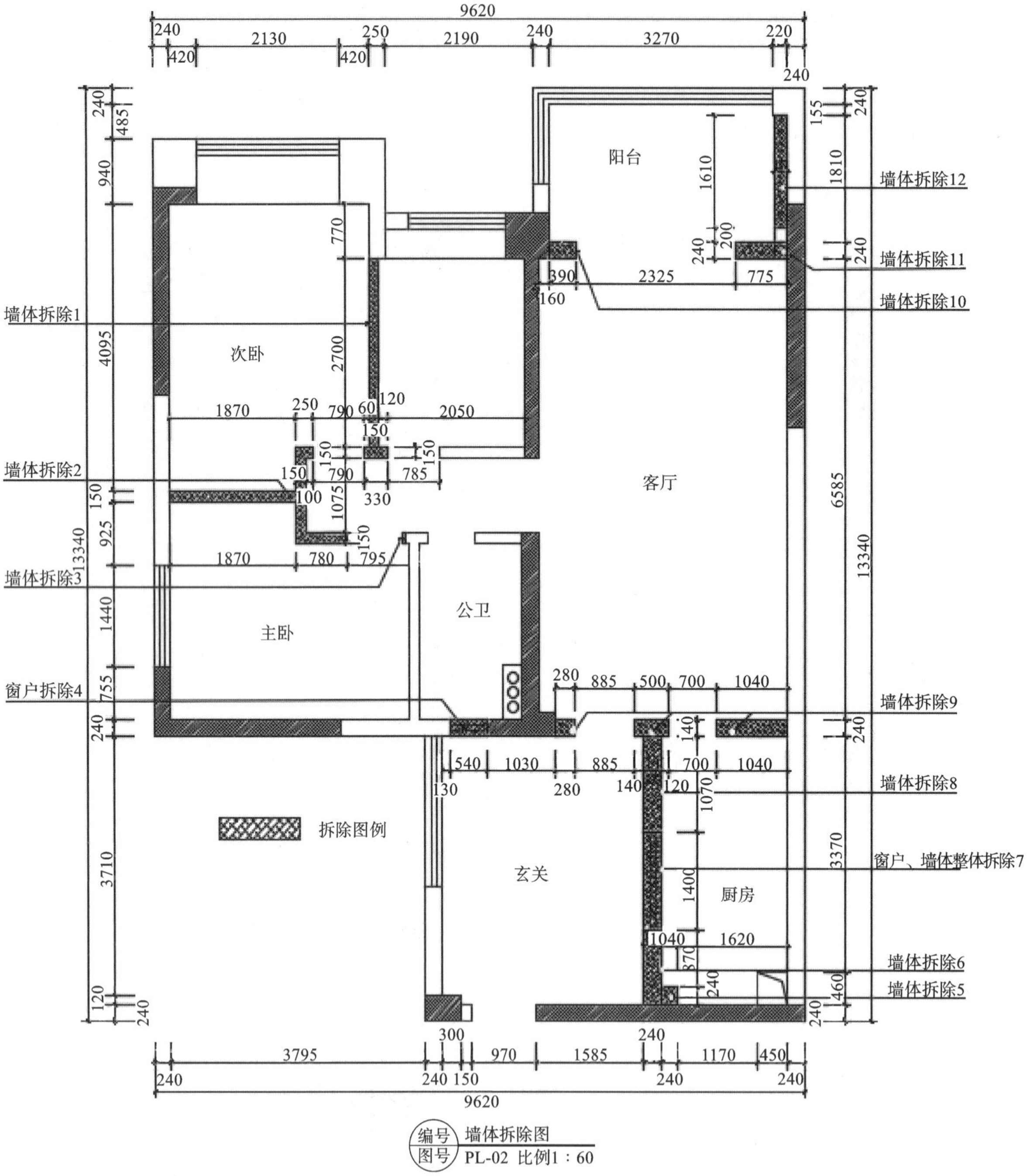

编号 墙体拆除图
图号 PL-02 比例1：60

图4-2（单位：mm）

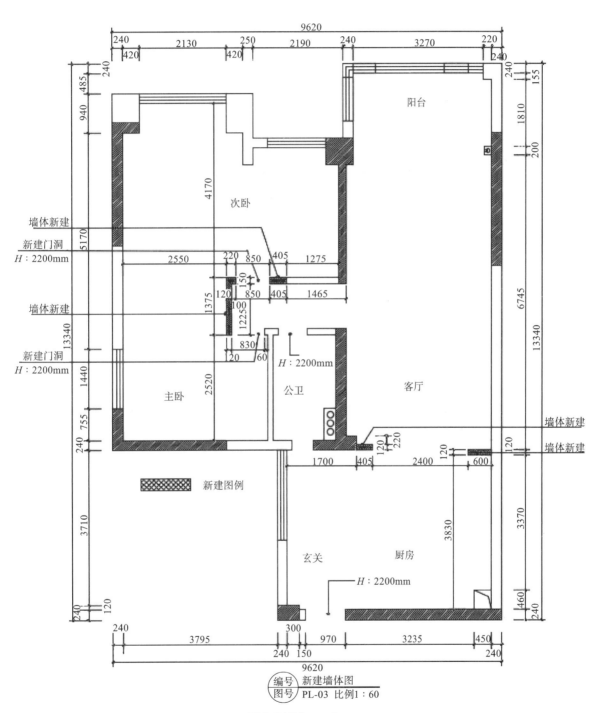

编号 新建墙体图
图号 PL-03 比例1:60

图 4-3(单位:mm)

二、水电改造（项目二 模块 1 任务 2）

1. 平面布置图

平面布置如图 4-4 所示。

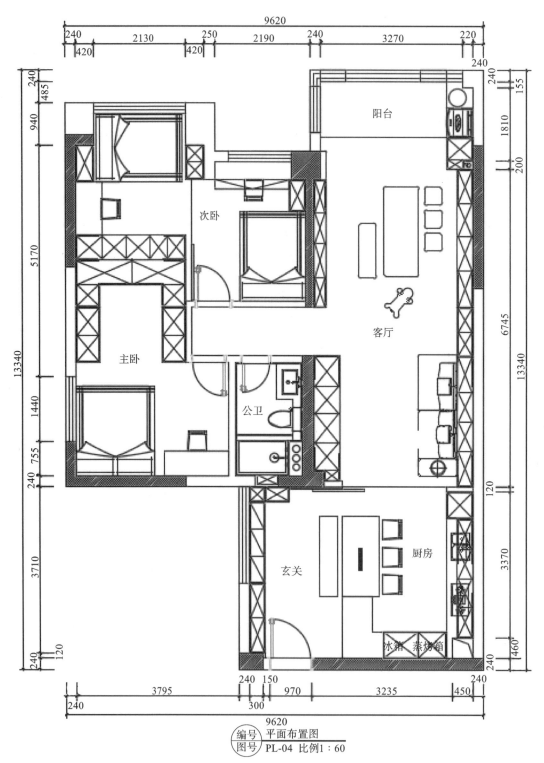

编号 平面布置图
图号 PL-04 比例1：60

图 4-4（单位：mm）

2.电路改造布局

根据平面布置图进行电路改造，并结合空间使用功能设置不同类型的开关（图4-5）。

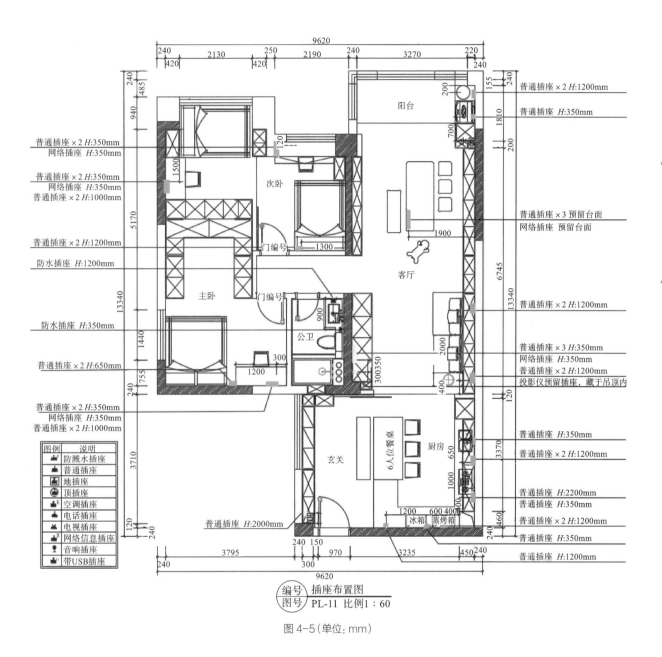

图4-5（单位：mm）

3.水路改造布局

根据平面布置图进行水路改造，并结合空间使用功能与要求，设置给排水点位与洁具等（图4-6）。

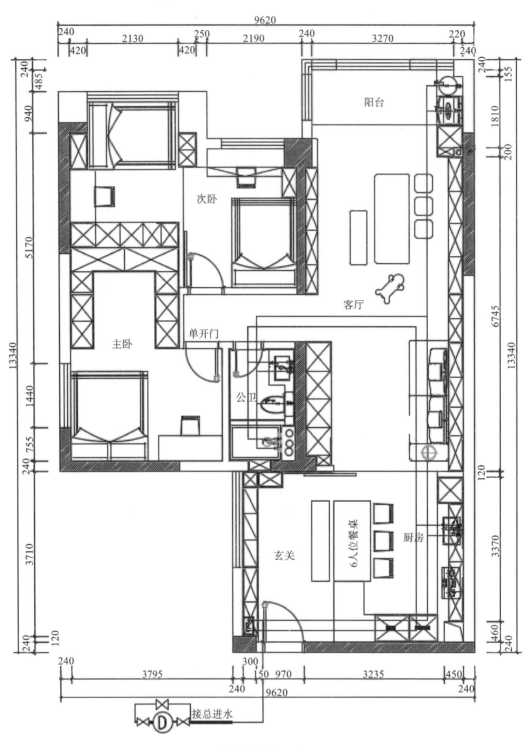

图 4-6 (单位: mm)

（以建筑地面*H*计，单位：m）

1. 除注明外，冷水管标高均为*H*+0.25
2. 除注明外，热水管标高均为*H*+0.35
3. 除注明外，热水回水管均为*H*+0.50
4. 卫生器具安装高度如下表：

卫生器具	冷水	热水
坐便器	$H+0.25$	
洗脸盆	$H+0.45$	$H+0.45$
淋浴器	$H+1.05$	$H+1.05$
洗衣机	$H+1.10$	
洗涤池	$H+0.45$	$H+0.45$
热水器		

图例	说明
Ⓓ	增压泵
——	热水管
——	冷水管
✛	热水嘴
▸•	冷水嘴
⌐	冷热水
▣Ⓡ▣	燃气热水器
→◁—	闸阀

图例	说明
F⌐⁺°	废水口
W⌐⁺°	污水口
◉	阳台地漏
▤	卫生间地漏

编号 给排水点位图
图号 PL-12 比例1：60

续图 4-6

【**教学分析**】

教学总结
教学过程
教学方法
教学开展

【学习梳理】

对应模块任务的施工流程与施工工艺，巩固墙体改造、水电路改造相关内容。

【实践实训】

根据指定项目空间原始结构图，绘制墙体拆改平面图，以及水电路平面布置图。

【学习评价】

序号	考核方向	内容	分值 100	赋分
1	知识考核	讨论问答，学习习惯得到改善。发言积极加 1～5 分	15 分	
2	能力考核	任务完成质量，相关知识技能综合应用效果	35 分	
3	过程考核	内容完成度	30 分	
4	素质考核	考勤纪律，学习状态，对待调整、修改要求的认真程度	10 分	
5	思政考核	学习主动性，职业认知	10 分	

任务 2　居住空间装饰地面施工图

【任务描述】

建筑装饰项目地面施工图包括家具布置与地面铺装图。对应模块任务学习、理解建筑装饰地面施工图，巩固构造做法、材料选用、施工工艺等知识，并进行相应的实训练习。

【任务实施】

1.结合模块任务，学习地面铺装施工图。

2.根据具体建筑装饰项目，进行实训练习。

【任务学习】

一、平面布置图与周长面积图

平面布置图与周长面积图如图 4-7、图 4-8 所示。

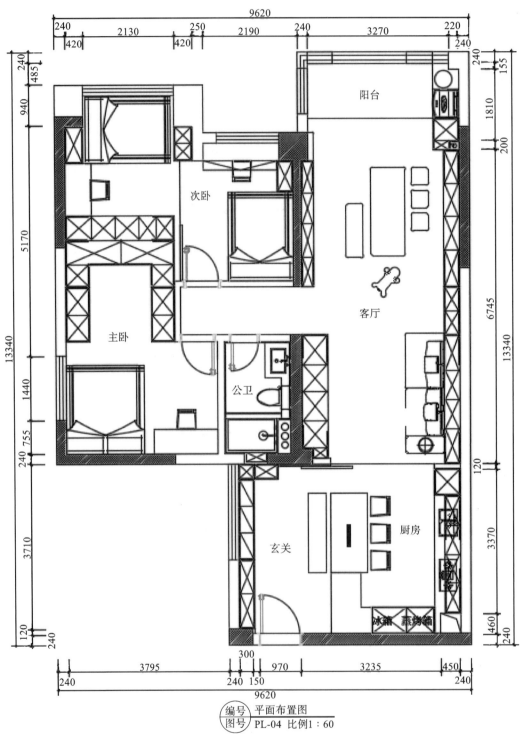

编号 平面布置图
图号 PL-04 比例1:60

图4-7(单位: mm)

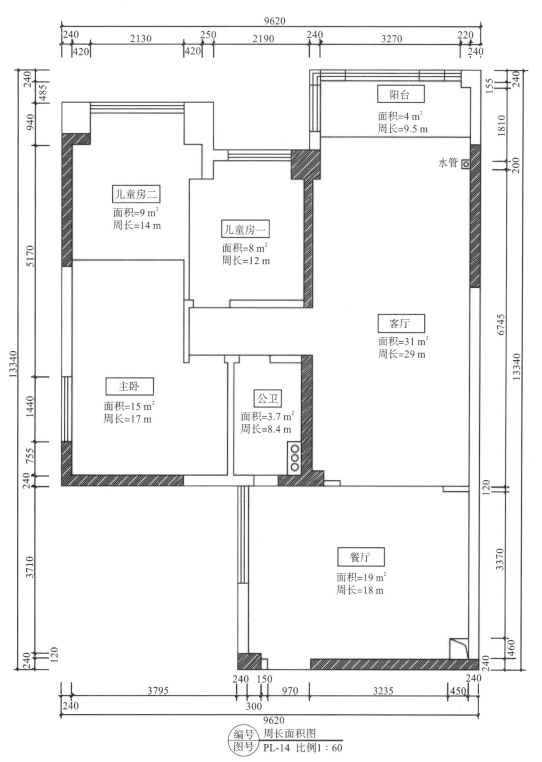

图 4-8（单位：mm）

二、家具尺寸图

根据设计方案，结合人体工程学知识，确定家具的详细尺寸，以及陈设、家用电器等设备的安装位置，保证设计方案的可行性与准确实施（图4-9）。

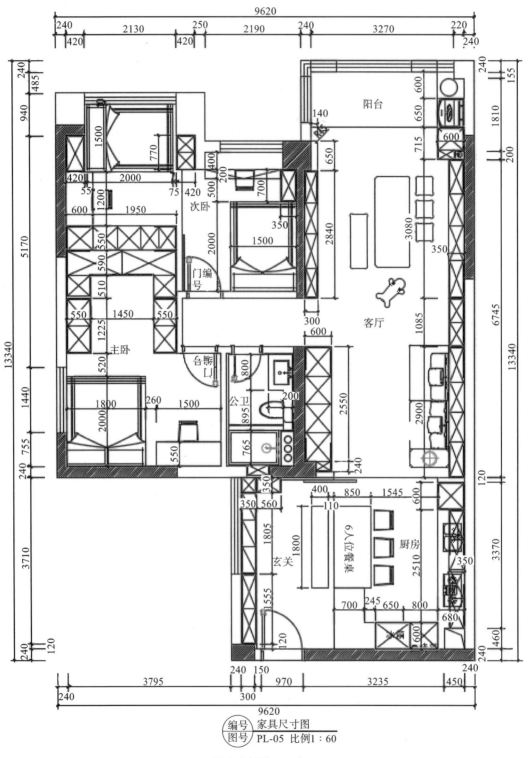

图4-9（单位：mm）

三、地面铺装图

地面铺装如图 4-10 所示。

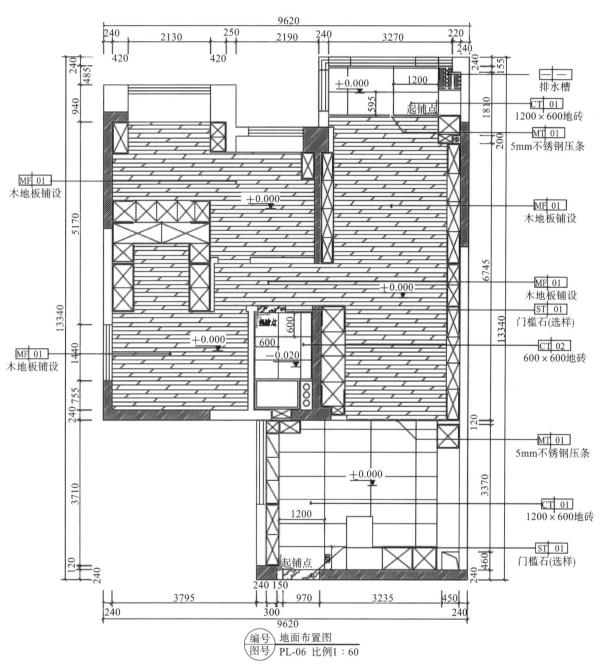

图 4-10（单位: mm）

1. 地砖铺装（项目二　模块 2 任务 1）

卫生间地砖铺装如图 4-11 所示。

194

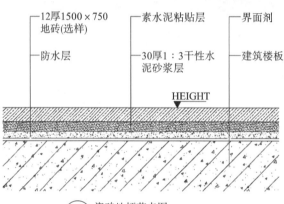

12厚1500×750地砖(选样) | 素水泥粘贴层 | 界面剂
防水层 | 30厚1：3干性水泥砂浆层 | 建筑楼板

▼ HEIGHT

04 瓷砖地坪节点图
— 比例1：20 节点大样图DT-04

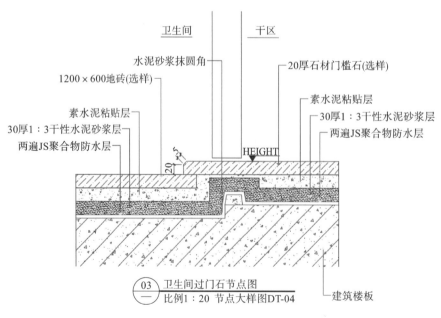

卫生间 | 干区

水泥砂浆抹圆角
1200×600地砖(选样)
素水泥粘贴层
30厚1：3干性水泥砂浆层
两遍JS聚合物防水层

20厚石材门槛石(选样)
素水泥粘贴层
30厚1：3干性水泥砂浆层
两遍JS聚合物防水层

HEIGHT

建筑楼板

03 卫生间过门石节点图
— 比例1：20 节点大样图DT-04

图4-11(单位：mm)

注：HEIGHT——铅锤水准标高(后同)。

2. 木地板铺装（项目二模块 2 任务 2）

主卧木地板铺装如图 4-12 所示。儿童房木地板铺装如图 4-13 所示。

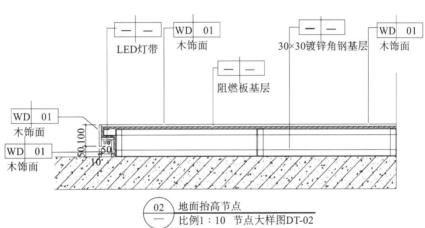

LED灯带　　WD　01　木饰面　　30×30镀锌角钢基层　　WD　01　木饰面

阻燃板基层

WD　01　木饰面

WD　01　木饰面

50 100　　50　　10

02　地面抬高节点
比例1∶10　节点大样图DT-02

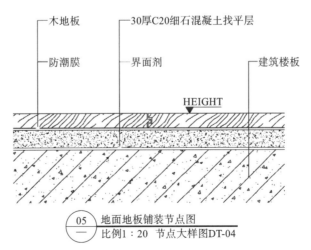

木地板　　30厚C20细石混凝土找平层

防潮膜　　界面剂　　建筑楼板

HEIGHT

05　地面地板铺装节点图
比例1∶20　节点大样图DT-04

图 4-12（单位：mm）

×

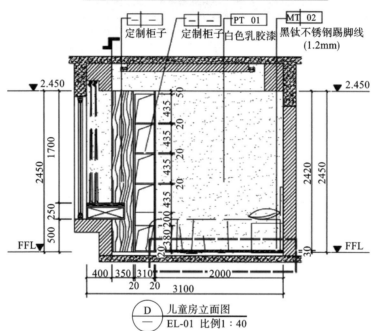

定制柜子　定制柜子白色乳胶漆　黑钛不锈钢踢脚线
PT 01　MT 02
(1.2mm)

D　儿童房立面图
一　EL-01 比例1：40

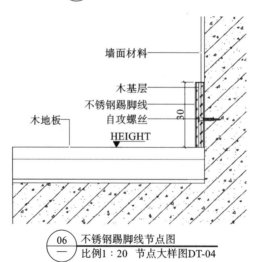

墙面材料

木基层
不锈钢踢脚线
自攻螺丝
HEIGHT

木地板

06　不锈钢踢脚线节点图
一　比例1：20 节点大样图DT-04

图4-13（单位：mm）

注：FFL——竣工地板标高（后同）。

【教学分析】

教学总结
教学过程
教学方法
教学开展

【学习梳理】

对应模块任务的施工流程与施工工艺，巩固地面铺装的相关内容。

【实践实训】

根据指定项目平面布置图，绘制地面铺装图，及对应节点构造图。

【学习评价】

序号	考核方向	内容	分值100	赋分
1	知识考核	讨论问答，学习习惯得到改善。发言积极加1～5分	15分	
2	能力考核	任务完成质量，相关知识技能综合应用效果	35分	
3	过程考核	内容完成度	30分	
4	素质考核	考勤纪律，学习状态，对待调整、修改要求的认真程度	10分	
5	思政考核	学习主动性，职业认知	10分	

任务3　居住空间装饰顶面施工图

【任务描述】

建筑装饰项目顶面施工图包括吊顶造型布置、尺寸、材料与开关图。对应模块任务学习、理解建筑装饰顶面不同施工图，巩固构造做法、材料选用、施工工艺等知识，并进行相应的实训练习。

【任务实施】

1.结合模块任务，学习顶面施工图。

2.根据具体建筑装饰项目，进行实训练习。

【任务学习】

一、顶面布置图

顶面布置图包括吊顶造型、材料索引、节点图索引及电器布置等（图4-14）。

199

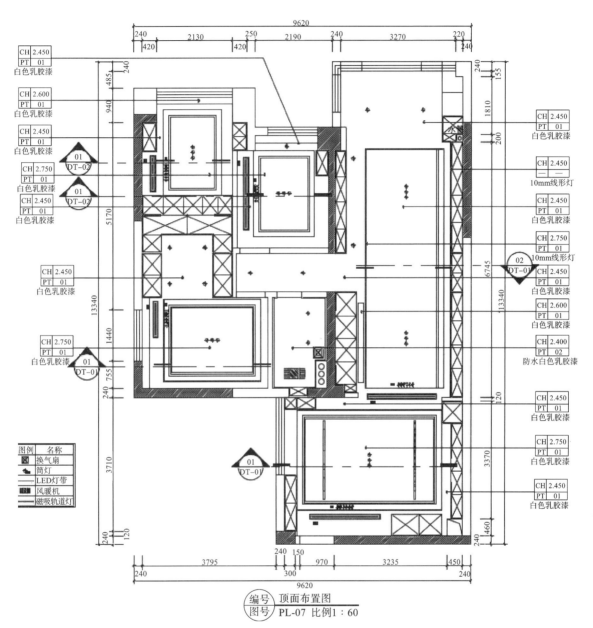

CH 2.450 / PT 01 / 白色乳胶漆

CH 2.600 / PT 01 / 白色乳胶漆

CH 2.450 / PT 01 / 白色乳胶漆

CH 2.750 / PT 01 / 白色乳胶漆

CH 2.450 / PT 01 / 白色乳胶漆

CH 2.450 / PT 01 / 白色乳胶漆

CH 2.750 / PT 01 / 白色乳胶漆

CH 2.450 / PT 01 / 白色乳胶漆

CH 2.450 / PT 01 / 白色乳胶漆

CH 2.450 / — / 10mm线形灯

CH 2.450 / PT 01 / 白色乳胶漆

CH 2.750 / PT 01 / 10mm线形灯

CH 2.450 / PT 01 / 白色乳胶漆

CH 2.600 / PT 01 / 白色乳胶漆

CH 2.400 / PT 02 / 防水白色乳胶漆

CH 2.450 / PT 01 / 白色乳胶漆

CH 2.750 / PT 01 / 白色乳胶漆

CH 2.450 / PT 01 / 白色乳胶漆

图例	名称
🔲	换气扇
🔦	筒灯
—	LED灯带
▮▮▮	风暖机
—	磁吸轨道灯

编号 / 图号 : 顶面布置图 PL-07 比例1:60

图 4-14（单位: mm）

二、天花尺寸图

天花尺寸图如图 4-15 所示。

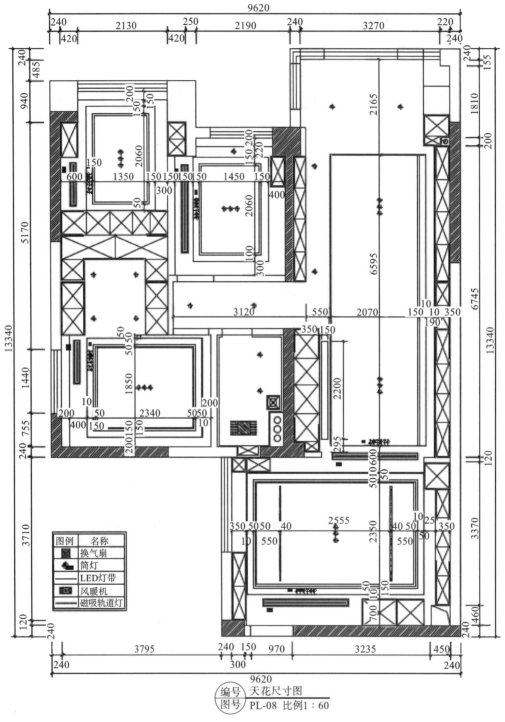

图例	名称
	换气扇
	筒灯
	LED灯带
	风暖机
	磁吸轨道灯

编号 天花尺寸图
图号 PL-08 比例1：60

图 4-15（单位：mm）

三、灯具定位与开关图

灯具定位与开关图如图 4-16、图 4-17 所示。

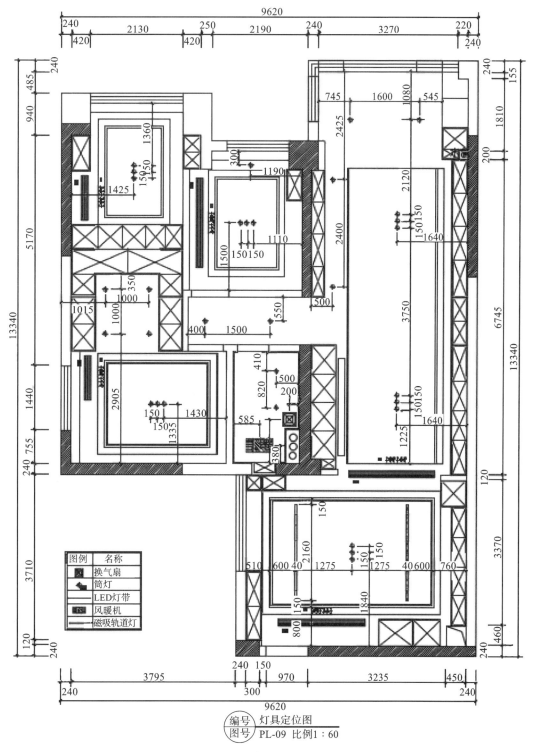

图 4-16（单位：mm）

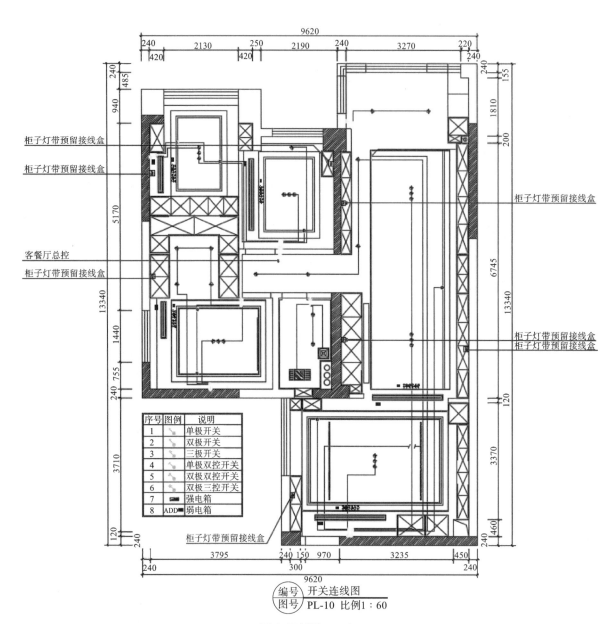

柜子灯带预留接线盒
柜子灯带预留接线盒

柜子灯带预留接线盒

客餐厅总控
柜子灯带预留接线盒

柜子灯带预留接线盒
柜子灯带预留接线盒

序号	图例	说明
1		单极开关
2		双极开关
3		三极开关
4		单极双控开关
5		双极双控开关
6		双极三控开关
7		强电箱
8	ADD	弱电箱

柜子灯带预留接线盒

编号 开关连线图
图号 PL-10 比例1：60

图 4-17（单位：mm）

四、节点构造图（项目二　模块4任务2）

1.餐厅示意与构造图

餐厅示意与构造如图 4-18 所示。

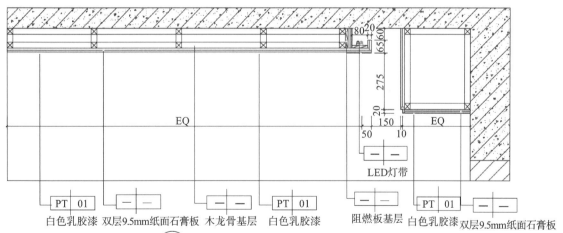

PT	01	— —	— —	PT	01	— —	PT	01	— —

白色乳胶漆　双层9.5mm纸面石膏板　木龙骨基层　白色乳胶漆　　阻燃板基层　白色乳胶漆 双层9.5mm纸面石膏板

LED灯带

01 　餐厅顶面造型节点（主卧参考此节点）
— 　比例1∶10 节点大样图DT-01

图 4-18（单位：mm）

2. 客厅示意与构造图

客厅示意与构造如图 4-19 所示。

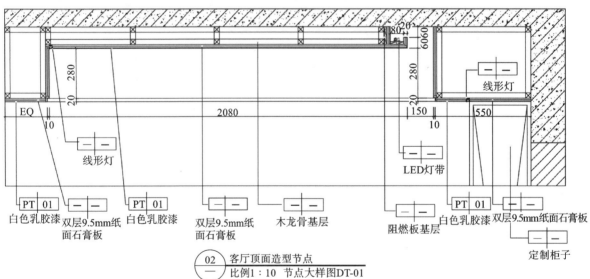

图 4-19（单位: mm）

3. 儿童房示意与构造图

儿童房示意与构造如图 4-20 所示。

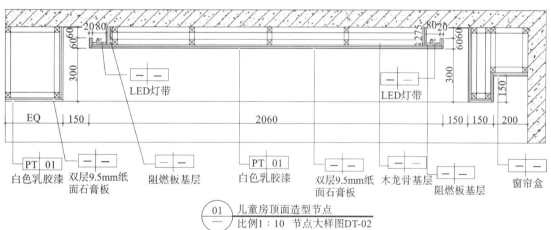

LED灯带

LED灯带

300

300

150

EQ | 150 | 2060 | 150 | 150 | 200

PT | 01　白色乳胶漆　　双层9.5mm纸面石膏板　　阻燃板基层　　PT | 01　白色乳胶漆　　双层9.5mm纸面石膏板　　木龙骨基层　　阻燃板基层　　窗帘盒

01　儿童房顶面造型节点
一　比例1:10　节点大样图DT-02

图 4-20（单位：mm）

【**教学分析**】

教学总结
教学过程
教学方法
教学开展

×

教学总结

【学习梳理】

对应模块任务的施工流程与施工工艺，巩固木龙骨石膏板吊顶相关内容。

【实践实训】

根据指定项目空间吊顶平面图，绘制吊顶局部节点构造图。

【学习评价】

序号	考核方向	内容	分值100	赋分
1	知识考核	讨论问答，学习习惯得到改善。发言积极加1～5分	15分	
2	能力考核	任务完成质量，相关知识技能综合应用效果	35分	
3	过程考核	内容完成度	30分	
4	素质考核	考勤纪律，学习状态，对待调整、修改要求的认真程度	10分	
5	思政考核	学习主动性，职业认知	10分	

任务4　居住空间装饰立面施工图

【任务描述】

建筑装饰项目立面施工图包括立面索引、立面图及构造图。对应模块任务学习、理解建筑装饰立面不同施工图，巩固构造做法、材料选用、施工工艺等知识，并进行相应的实训练习。

【任务实施】

1.结合模块任务，学习立面施工图。

2.根据具体建筑装饰项目，进行实训练习。

【任务学习】

一、立面索引图

立面索引图包括吊顶造型、材料索引、节点图索引、灯具及开关布置等（图4-21）。

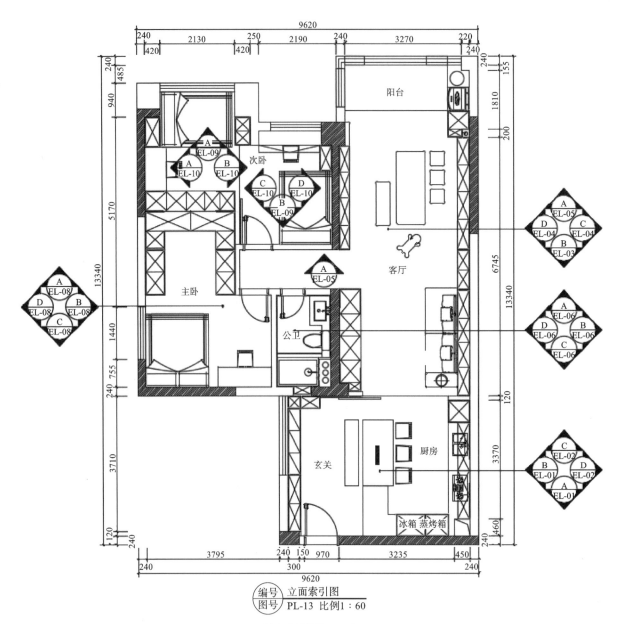

编号	立面索引图
图号	PL-13 比例1：60

图 4-21（单位：mm）

二、餐厅立面图

餐厅立面图如图 4-22 所示。

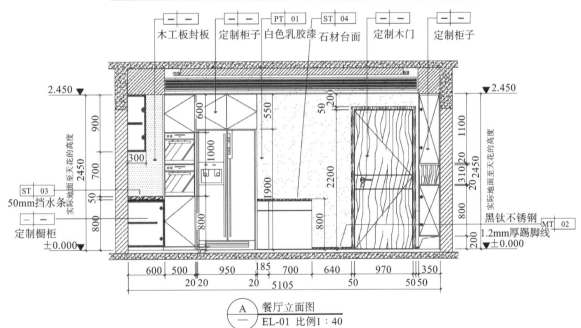

$$\underset{\overline{EL\text{-}01 \quad 比例1：40}}{\overset{A}{\ominus}} \text{餐厅立面图}$$

图 4-22（单位：mm）

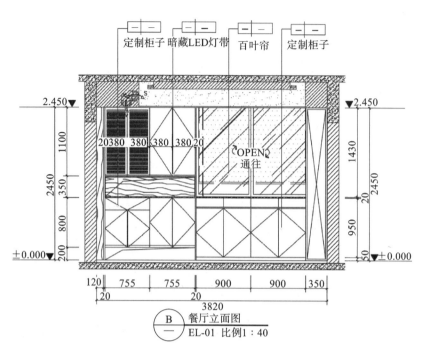

定制柜子 暗藏LED灯带 百叶帘 定制柜子

2.450 ▽   ▽ 2.450

1100

2450

350

800

200

±0.000 ▽   20380 380 380 380 20

OPEN↻
通往

1430

2450

20

950

50   ▽ ±0.000

120 | 755 | 755 | 900 | 900 | 350

20   20

3820

B 餐厅立面图
— EL-01 比例1∶40

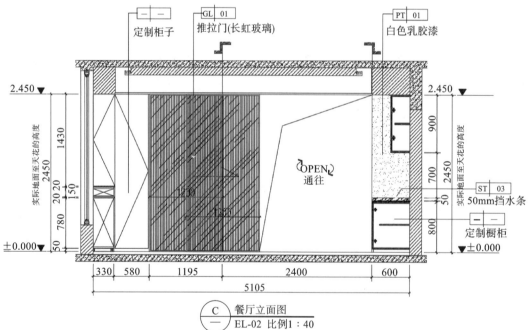

定制柜子 推拉门(长虹玻璃) GL 01 PT 01 白色乳胶漆

2.450 ▽   ▽ 2.450

实际地面至天花的高度

1430

2450

20 20

150

780

50

±0.000 ▽

OPEN↻
通往

900

2450

700

50

800

实际地面至天花的高度

ST 03
50mm挡水条

定制橱柜
±0.000 ▽

330 | 580 | 1195 | 2400 | 600

5105

C 餐厅立面图
— EL-02 比例1∶40

续图4-22

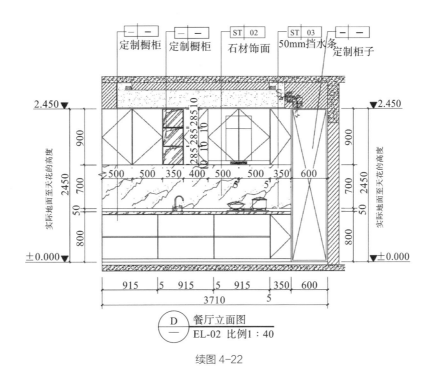

续图 4-22

三、客厅立面与构造图（项目二　模块 3 任务 4）

客厅立面与构造如图 4-23 所示。

图 4-23（单位：mm）

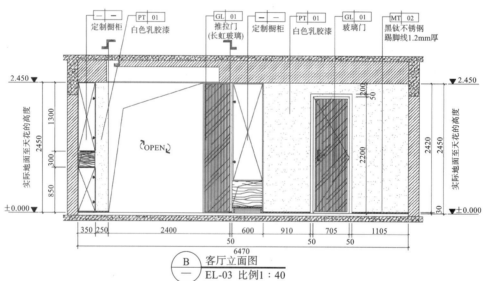

ST 02 石材饰面　　定制柜子　　PT 01 白色乳胶漆　　10mm线形灯　　定制柜子　　定制柜子　　暗藏LED灯带

C 客厅立面图
EL-04 比例1：40

定制橱柜　　PT 01 白色乳胶漆　　GL 01 推拉门(长虹玻璃)　　定制橱柜　　PT 01 白色乳胶漆　　GL 01 玻璃门　　MT 02 黑钛不锈钢踢脚线1.2mm厚

B 客厅立面图
EL-03 比例1：40

续图 4-23

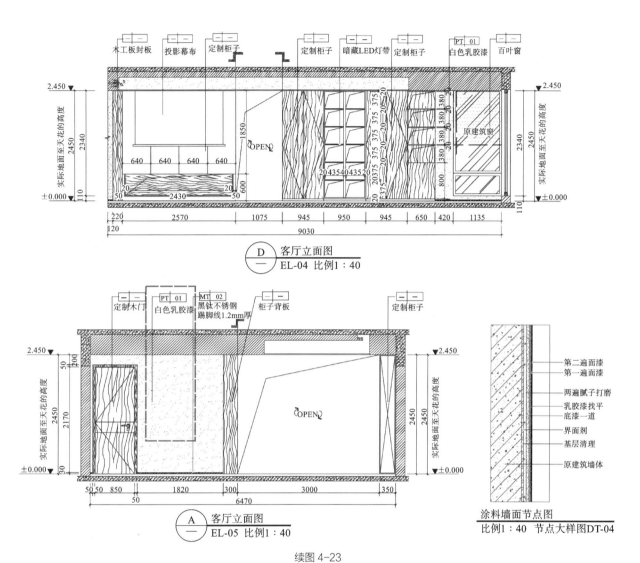

续图 4-23

四、主卧立面与构造图（项目二　模块 3 任务 2）

主卧立面与构造图如图 4-24 所示。

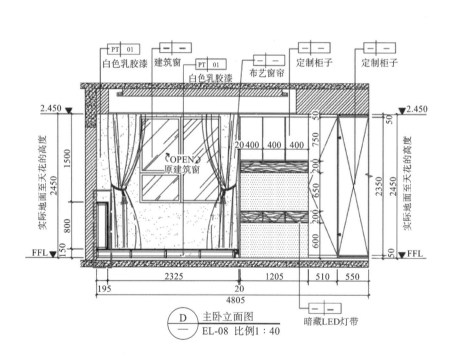

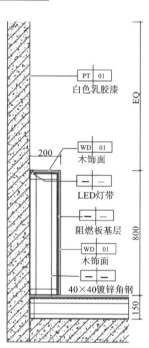

图 4-24（单位：mm）

五、公卫立面与构造图（项目二 模块 3 任务 1）

公卫立面与构造图如图 4-25 所示。

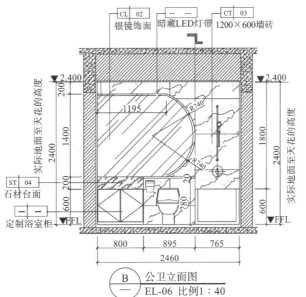

CL 02　　—　　CT 03
银镜饰面　暗藏LED灯带　1200×600墙砖

ST 04
石材台面

定制浴室柜

B 公卫立面图
EL-06 比例1：40

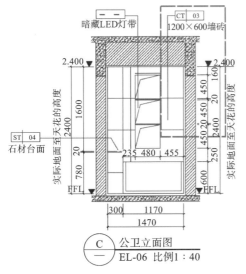

暗藏LED灯带　CT 03
1200×600墙砖

ST 04
石材台面

C 公卫立面图
EL-06 比例1：40

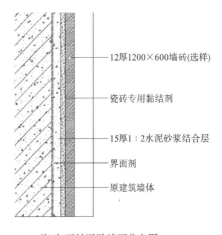

12厚1200×600墙砖(选样)

瓷砖专用黏结剂

15厚1：2水泥砂浆结合层

界面剂

原建筑墙体

瓷砖/石材湿贴墙面节点图
比例1：20 节点大样图DT-04

图4-25（单位：mm）

【**教学分析**】

教学总结
教学过程
教学方法
教学开展

【学习梳理】

对应模块任务的施工流程与施工工艺，巩固墙面装饰构造相关内容。

【实践实训】

根据指定项目空间立面图，绘制墙面节点构造图。

【学习评价】

序号	考核方向	内容	分值100	赋分
1	知识考核	讨论问答，学习习惯得到改善。发言积极加 1～5分	15分	
2	能力考核	任务完成质量，相关知识技能综合应用效果	35分	
3	过程考核	内容完成度	30分	
4	素质考核	考勤纪律，学习状态，对待调整、修改要求的认真程度	10分	
5	思政考核	学习主动性，职业认知	10分	

模块 2

小型餐饮空间装饰施工图

【模块导图】

　　餐饮空间是公共空间中最普遍的空间，主要由门厅、就餐区、厨房区、卫生设施等构成，各部分之间按照功能关系进行有机组合，在空间形态、式样、规模大小等方面千变万化。本模块通过对小型餐饮空间装饰施工图的解读，引导学生结合教学项目内容，理解、掌握常用装饰构造的施工流程与施工工艺，为后期公共空间装饰构造项目的实训打下基础。

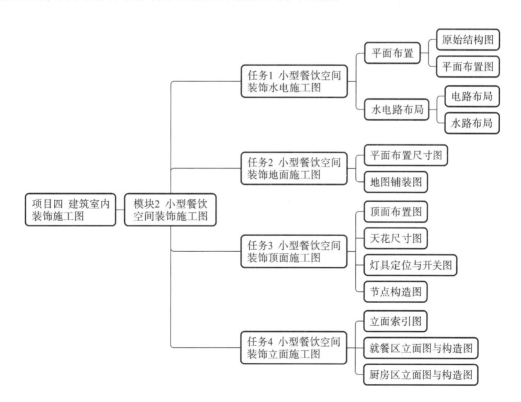

任务1 小型餐饮空间装饰水电施工图

【任务描述】

建筑装饰项目水电施工图解决餐饮空间给排水和开关插座等布置，对应模块任务学习、理解建筑装饰改造施工图，巩固施工流程与施工工艺等知识，并进行相应的实训练习。

【任务实施】

1.结合模块任务，学习构造施工图。

2.根据具体建筑装饰项目，进行实训练习。

【任务学习】

一、平面布置

1.原始结构图

对原有餐饮建筑内部空间结构进行测量，确定墙体及管道位置等信息。明确原有墙体的受力情况，以及能否进行拆开，绘制出原始结构图（图4-26）。

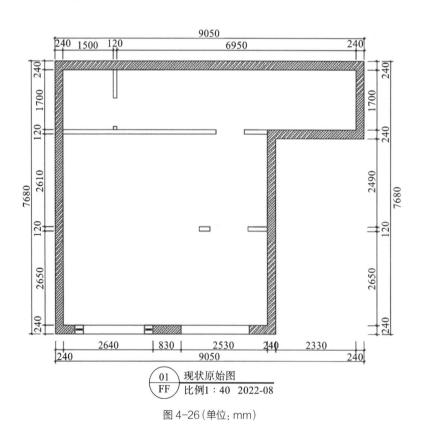

图4-26（单位：mm）

2.平面布置图

根据原始结构图进行就餐区、厨房区平面空间的划分与设备的布置（图4-27）。

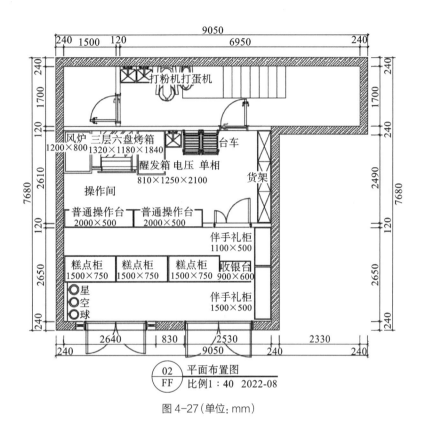

图4-27（单位: mm）

二、水电路布局（项目二　模块1任务2）

1.电路布局

根据平面布置图进行电路布置,结合厨房设备、采光、照明、广告宣传等不同使用功能设置插座(图 4-28)。

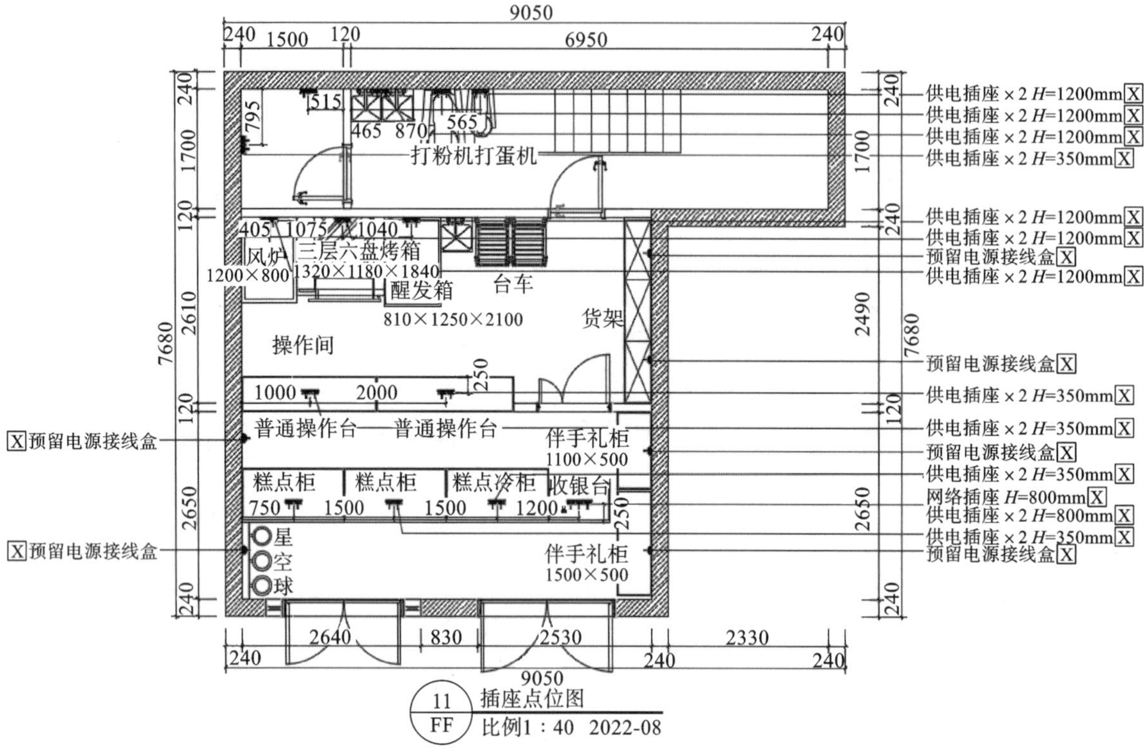

图4-28(单位: mm)

2. 水路布局

根据平面布置图进行水路设计布局,重点在于厨房上下水、排污等,合理设置给、排水点位,如图4-29、图4-30所示。

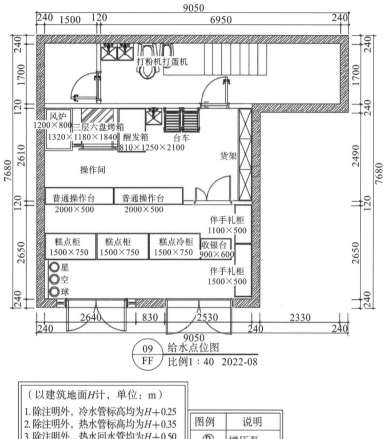

图 4-29（单位：mm）

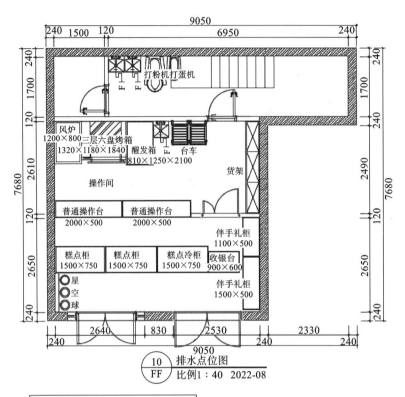

打粉机打蛋机

风炉
1200×800三层六盘烤箱
1320×1180×1840 醒发箱
810×1250×2100 台车

操作间

货架

普通操作台
2000×500

普通操作台
2000×500

伴手礼柜
1100×500

糕点柜
1500×750

糕点柜
1500×750

糕点冷柜
1500×750

收银台
900×600

星
空
球

伴手礼柜
1500×500

9050

240 1500 120   6950   240
240   240
240 240
1700   1700 240
120
7680 2610   2490 7680
120   120
2650   2650
240   240

2640   830   2530   2330
240   240   240

⑩ 排水点位图
FF 比例1：40 2022-08

（以建筑地面H计，单位：m）
1. 除注明外，冷水管标高均为H+0.25
2. 除注明外，热水管标高均为H+0.35
3. 除注明外，热水回水管均为H+0.50
4. 卫生器具安装高度如下表：

卫生器具	冷水	热水
坐便器	$H+0.25$	
洗脸盆	$H+0.45$	$H+0.45$
淋浴器	$H+1.05$	$H+1.05$
洗衣机	$H+1.10$	
洗涤池	$H+0.45$	$H+0.45$
热水器		

图例	说明
Ⓓ	增压泵
——	热水管
——	冷水管
✛	热水嘴
⊢•	冷水嘴
⊣	冷热水
🔲	燃气热水器
⋈	闸阀

图例	说明
F⊔º	废水口
W⊔º	污水口
◎	阳台地漏
▣	卫生间地漏

图4-30（单位：mm）

【教学分析】

教学总结
教学过程
教学方法
教学开展

【学习梳理】

对应模块任务的施工流程与施工工艺，巩固水电路布置相关内容。

【实践实训】

根据指定项目空间原始结构图，绘制水、电路平面布置图。

【学习评价】

序号	考核方向	内容	分值100	赋分
1	知识考核	讨论问答，学习习惯得到改善。发言积极加1~5分	15分	
2	能力考核	任务完成质量，相关知识技能综合应用效果	35分	
3	过程考核	内容完成度	30分	
4	素质考核	考勤纪律，学习状态，对待调整、修改要求的认真程度	10分	
5	思政考核	学习主动性，职业认知	10分	

任务2 小型餐饮空间装饰地面施工图

【任务描述】

餐饮空间常用地砖进行地面铺贴，施工方便，经济合理，耐磨损，耐酸碱，便于清洁。对应模块任务学习、理解瓷砖地面施工图，巩固构造做法、材料选用、施工工艺等知识，并进行相应的实训练习。

【任务实施】

1.结合模块任务，学习地面铺装施工图。

2.根据具体空间装饰项目，进行地面铺贴图与构造图实训练习。

【任务学习】

一、平面布置尺寸图

平面布置尺寸图如图4-31所示。

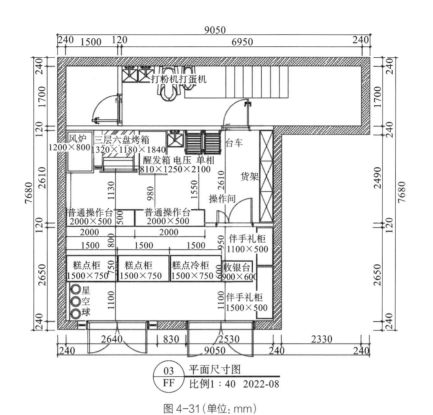

图 4-31（单位：mm）

二、地面铺装图（项目二 模块 2 任务 1）

地面铺装如图 4-32 所示。

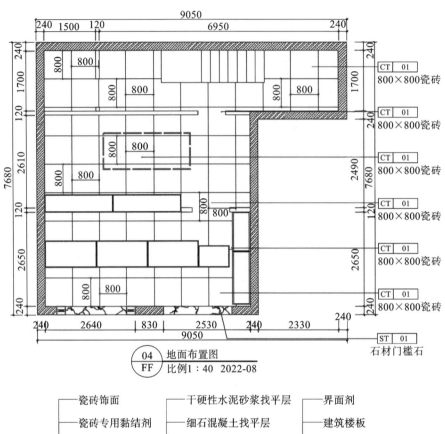

地面布置图 ④ / FF 比例1：40 2022-08

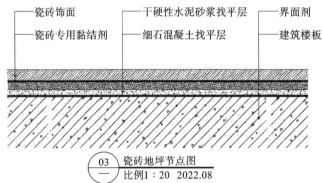

瓷砖地坪节点图 ③ / — 比例1：20 2022.08

图 4-32（单位：mm）

【**教学分析**】

教学总结
教学过程
教学方法
教学开展

【学习梳理】

对应模块任务的施工流程与施工工艺，巩固地面铺装的相关内容。

【实践实训】

根据指定项目平面布置图，绘制地面铺装图及对应节点构造图。

【学习评价】

序号	考核方向	内容	分值100	赋分
1	知识考核	讨论问答，学习习惯得到改善。发言积极加 1～5分	15分	
2	能力考核	任务完成质量，相关知识技能综合应用效果	35分	
3	过程考核	内容完成度	30分	
4	素质考核	考勤纪律，学习状态，对待调整、修改要求的认真程度	10分	
5	思政考核	学习主动性，职业认知	10分	

任务3 小型餐饮空间装饰顶面施工图

【任务描述】

餐饮空间顶面施工图包括吊顶造型布置、尺寸、材料、灯位与开关图。针对就餐区与厨房区的不同功能要求，对应模块任务学习不同顶面施工图内容，巩固构造做法、材料选用、施工工艺等知识，并进行相应的实训练习。

【任务实施】

1.结合模块任务，学习顶面施工图。

2.根据具体空间装饰项目，进行乳胶漆与集成吊顶的构造图实训练习。

【任务学习】

一、顶面布置图

顶面布置图包括吊顶造型、材料索引等（图4-33）。

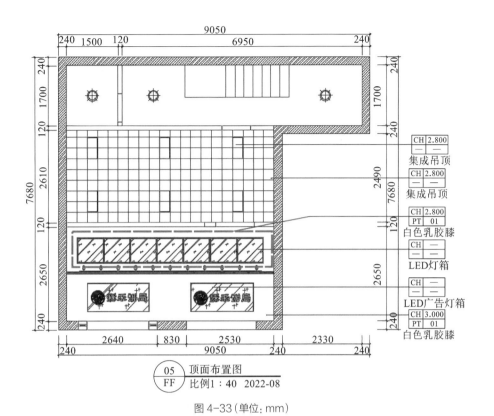

图 4-33(单位: mm)

二、天花尺寸图

天花尺寸图用于确定吊顶详细的造型尺寸、定位尺寸（图 4-34）。

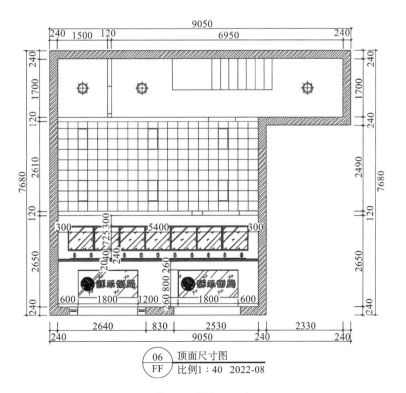

图 4-34(单位: mm)

三、灯具定位与开关图

灯具定位与开关图用于确定灯具定位尺寸及相应的开关位置，为墙、地、顶面的预留基础工作提供依据，如图4-35、图4-36所示。

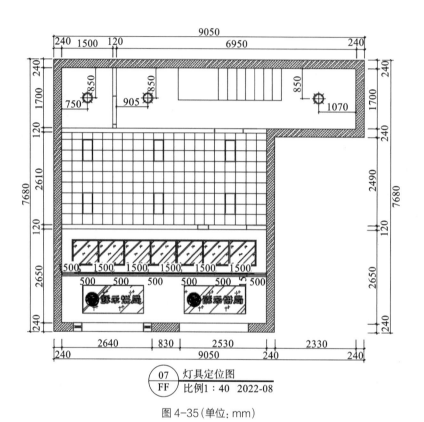

07 灯具定位图
FF 比例1：40 2022-08

图4-35（单位：mm）

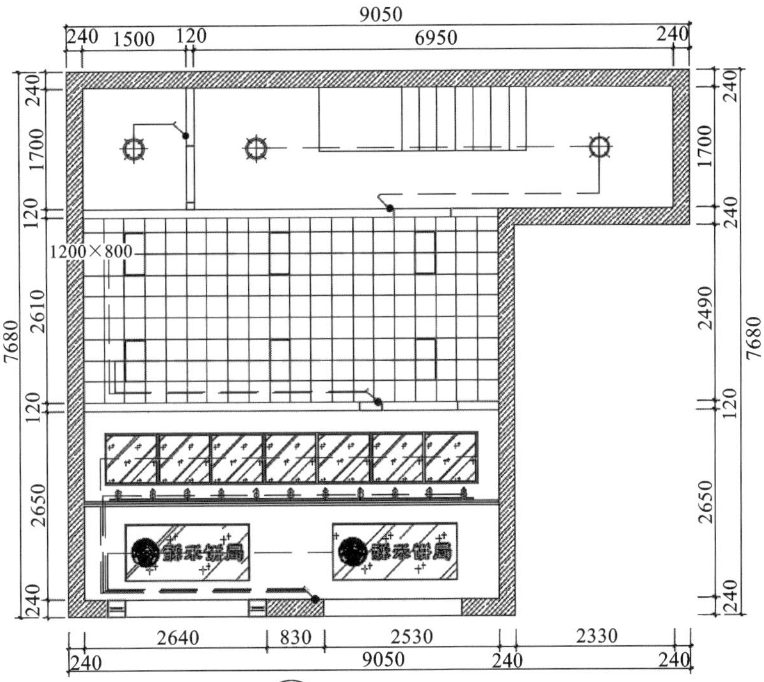

序号	图例	说明
1		单极开关
2		双极开关
3		三极开关
4		单极双控开关
5		双极双控开关
6		双极三控开关
7		强电箱
8		弱电箱

图 4-36（单位：mm）

四、节点构造图（项目二　模块 4 任务 3）

结合顶面布置图、尺寸图、灯具定位图等进行学习（图 4-37）。

建筑楼板
φ8膨胀螺栓

φ8全丝吊杆

扁铁@800间距
十字沉头自攻螺丝
基层板阻燃处理
LED灯箱
吊件
承载龙骨
覆面龙骨
9.5mm厚双层石膏板
乳胶漆饰面

专用卡件

04 — 灯箱吊顶天花节点图
比例1：20 2022.08

图4-37

【**教学分析**】

教学总结
教学过程
教学方法
教学开展

【**教学分析**】

【学习梳理】

对应模块任务的施工流程与施工工艺，巩固涂料类面层、金属龙骨吊顶相关内容。

【实践实训】

根据指定项目空间顶面图，绘制吊顶局部节点构造图。

【学习评价】

序号	考核方向	内容	分值100	赋分
1	知识考核	讨论问答，学习习惯得到改善。发言积极加 1～5 分	15 分	
2	能力考核	任务完成质量，相关知识技能综合应用效果	35 分	
3	过程考核	内容完成度	30 分	
4	素质考核	考勤纪律，学习状态，对待调整、修改要求的认真程度	10 分	
5	思政考核	学习主动性，职业认知	10 分	

任务4　小型餐饮空间装饰立面施工图

【任务描述】

立面索引图分为厨房区和就餐区。对应模块任务学习、理解不同区域的立面设计与材料选用、构造做法、施工工艺等知识，并进行相应的实训练习。

【任务实施】

1.结合模块任务，学习立面施工图涉及内容。

2.根据具体空间装饰项目，进行立面图设计绘制以及节点图实训练习。

【任务学习】

一、立面索引图

立面索引图如图 4-38 所示。

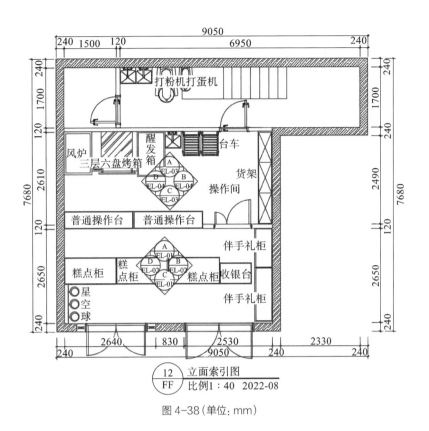

$$\frac{12}{FF}\quad \text{立面索引图}\quad \text{比例1：40 2022-08}$$

图 4-38（单位：mm）

二、就餐区立面图与构造图（项目二模块 3 任务 2）

1. 立面图

就餐区立面图如图 4-39 所示。

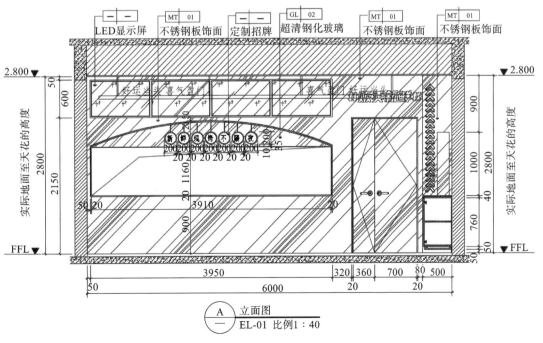

$$\frac{A}{\text{一}}\quad \text{立面图}\quad \text{EL-01 比例1：40}$$

图 4-39（单位：mm）

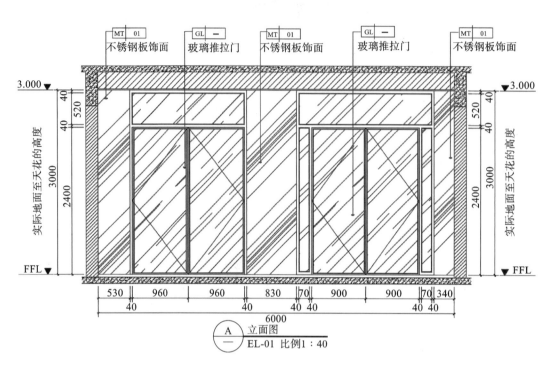

MT 01 不锈钢板饰面　　GL — 玻璃推拉门　　MT 01 不锈钢板饰面　　GL — 玻璃推拉门　　MT 01 不锈钢板饰面

A 立面图
一　EL-01　比例1:40

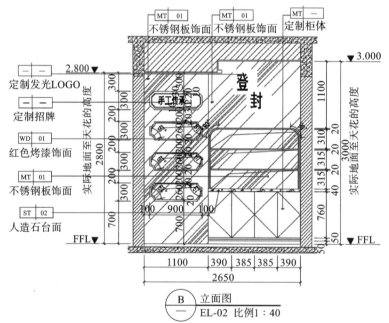

MT 01 不锈钢板饰面　　MT 01 不锈钢板饰面　　MT — 定制柜体

— — 定制发光LOGO

— — 定制招牌

WD 01 红色烤漆饰面

MT 01 不锈钢板饰面

ST 02 人造石台面

B 立面图
一　EL-02　比例1:40

续图4-39

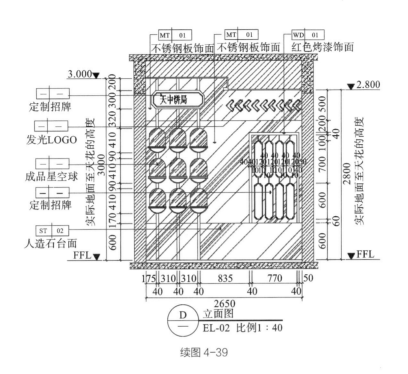

续图 4-39

2. 构造图

就餐区构造如图 4-40 所示。

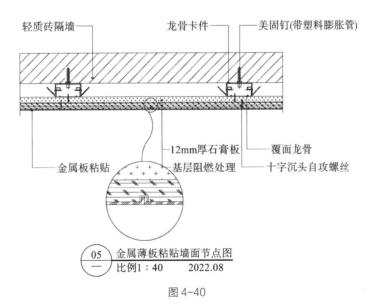

图 4-40

三、厨房区立面图与构造图（项目二　模块3任务1）

厨房区立面与构造如图4-41所示。

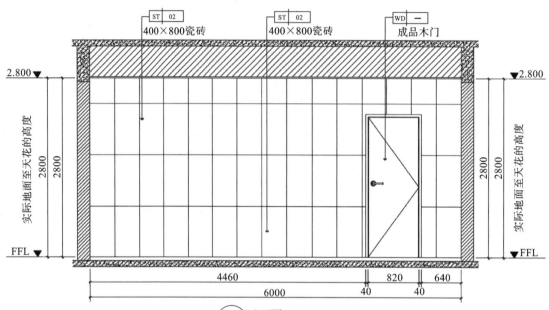

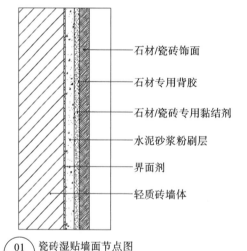

图4-41（单位：mm）

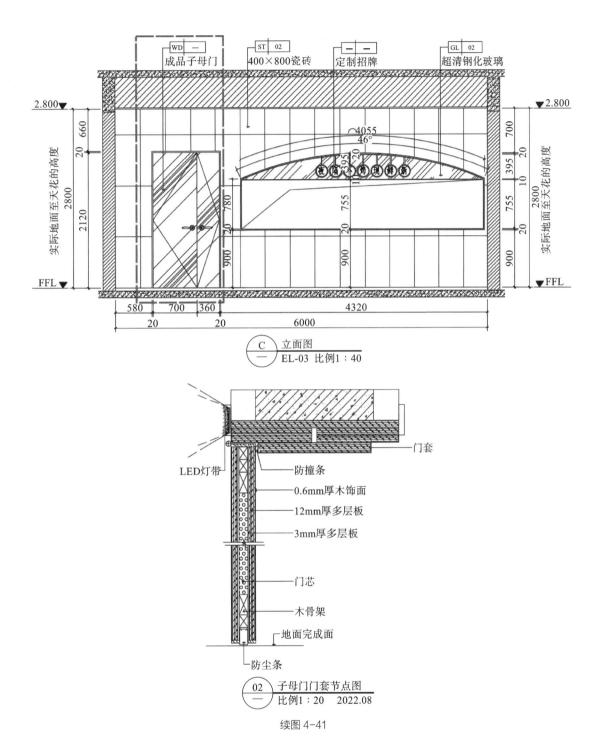

续图 4-41

【教学分析】

教学总结
教学过程
教学方法
教学开展

【学习梳理】

对应模块任务的施工流程与施工工艺，巩固墙面装饰构造相关内容。

【实践实训】

根据指定空间装饰项目，绘制立面图与对应节点构造图。

【学习评价】

序号	考核方向	内容	分值100	赋分
1	知识考核	讨论问答，学习习惯得到改善。发言积极加1～5分	15分	
2	能力考核	任务完成质量，相关知识技能综合应用效果	35分	
3	过程考核	内容完成度	30分	
4	素质考核	考勤纪律，学习状态，对待调整、修改要求的认真程度	10分	
5	思政考核	学习主动性，职业认知	10分	

LOFT公寓施工图

住宅装饰施工图

小型餐饮空间装饰施工图